U0216055

机械加工常识

主　编　唐文钢

副主编　赵　添　唐以贵

编　者　尹隆灿　王堂祥　贺泽虎

　　　　解生杰　何　芬　黄　丹

主　审　刘　军

重庆大学出版社

内 容 提 要

本书是机械类专业的主干专业课教材,它承上启下,既承接前面的《机械识图》《公差配合与测量》《工程材料》等前期课程,也为后续的先进制造(数控加工)技术作准备。本书的任务是:依据零件的结构形状和加工质量要求,选择适当的机床,选用合适的刀具及切削参数,选择合适的机床夹具,按照一定的加工方法和加工顺序,按优质、高效、低成本的制造原则加工出合格的零件。全书共分5个项目,分别为机械加工机床、机械加工刀具、机械加工的工件装夹、机械加工工艺、典型表面与零件的加工。

本书既可作为机械类专业中职学生的教材,也可作为生产一线技术人员的技术参考书。

图书在版编目(CIP)数据

机械加工常识/唐文钢主编. 一重庆:重庆大学出版社,2014.2(2021.8 重印)
中等职业教育机械加工技术专业系列规划教材
ISBN 978-7-5624-7983-3

Ⅰ.①机… Ⅱ.①唐… Ⅲ.①金属切削—中等专业学校—教材 Ⅳ.①TG506

中国版本图书馆 CIP 数据核字(2014)第 020791 号

机械加工常识

主 编 唐文钢
副主编 赵 添 唐以贵
主 审 刘 军
策划编辑:曾显跃

责任编辑:文 鹏 版式设计:曾显跃
责任校对:秦巴达 责任印制:张 策

*

重庆大学出版社出版发行
出版人:饶帮华
社址:重庆市沙坪坝区大学城西路 21 号
邮编:401331
电话:(023)88617190 88617185(中小学)
传真:(023)88617186 88617166
网址:http://www.cqup.com.cn
邮箱:fxk@cqup.com.cn(营销中心)
全国新华书店经销
重庆俊蒲印务有限公司印刷

*

开本:787mm×1092mm 1/16 印张:13.75 字数:343 千
2014 年 2 月第 1 版 2021 年 8 月第 2 次印刷
ISBN 978-7-5624-7983-3 定价:42.00 元

本书如有印刷、装订等质量问题,本社负责调换
版权所有,请勿擅自翻印和用本书
制作各类出版物及配套用书,违者必究

前 言

随市场经济需求的发展和机械制造技术的进步,中等职业教育已由培养传统的技术型人才向培养技能型劳动者转变。为了适应这种转变,达到当前中等职业教育"以能力为本位、以就业为导向"培养社会需要的技能型劳动者目标,编者依据机械类中职学生应知应会的要求,以项目为向导、任务为驱动,有效结合澳大利亚职教和德国双元制教学模式,根据机械类教材的特点,在内容上以实用够用为原则有效将理论与实践结合,多采用图表和实际案例为主线,组织编写了富有中职特色的理实一体化《机械加工常识》教材。

本书既可作为中职学生的教材,也可作为生产一线技术人员的技术参考书。无论是作为生产第一线技术员,还是技术劳动工人,都必须能正确理解机械制造零件图上的加工技术要求,了解如何保证加工质量的工艺过程,及其工艺过程中使用的机床、机床夹具、切削原理及刀具的基本知识,并能应用相应的量具准确检测并判断加工质量的合格性。

《机械加工常识》教材就是为了达到上述目的而编写的。与原中专教材相比,立足于机械加工相关知识的融汇贯通,将机械加工过程中多门专业课汇编到一起,大量删减了理论性推导和论述,增加了实际应用性知识。本书遵循实用、实效的原则,采用"理实一体化"、项目化的教学方法,突出技能训练,使学生在技能训练中掌握并达到本专业(工种)知识和技能要求。

全书共5个项目,即机械加工机床,机械加工刀具,机械加工的工件装夹,机械加工工艺,典型表面与零件的加工。在内容上,尽量做到详略适当、深浅结合,以零件加工为主线,辅以对理论知识深入浅出的说明,使读者能够灵活运用相关知识解决实际问题。

本书由唐文钢(重庆市工业学校)、赵添(重庆市工业学校)、唐以贵(荣昌职教中心)、尹隆灿(重庆南川隆化职业中学)、王堂祥(黔江职教中心)、贺泽虎(大足职教中心)、解生杰(重庆市轻工业校)、何芬(重庆市工业高级技工学校)、黄丹(重庆涪陵职教中心)编写,唐文钢任主编,赵添、唐以贵任副主编,刘军(重庆科能技工学校)任主审。

本书由于编写时间仓促,加之编者水平有限,难免存在疏漏甚至错误之处,望广大使用者批评指正。

编　者
2013 年 12 月

目录

绪　论

0.1　机械加工制造业的作用、发展概况

世界经济发展的趋势表明,制造业是一个国家经济发展的基石,而机械加工技术是国家经济发展的重要保障。机械加工制造业不仅是国民经济的支柱产业,也是其他各种产业的基础和支柱,各种产业的发展都有赖于制造业提供高水平的专用和通用设备,从一定意义上讲,机械制造技术的发展水平决定着其他产业的发展水平。在当今世界上,高度发达的制造业和先进的制造技术已经成为衡量一个国家综合经济实力和科学技术水平的重要标志,成为一个国家在竞争激烈的国际市场上获胜的关键因素之一。

正是由于上述原因,各国都对制造技术的发展给予高度的重视。各发达国家纷纷把先进制造技术列为国家的高新关键技术和优先发展项目,给予了极大的关注。美国国防部根据国会的要求委托里海大学于1994年提出了《21世纪制造企业战略》报告,其核心就是要使美国的制造业在2006年以前处于世界领先地位。而日本自20世纪50年代以来经济的高速发展,在很大程度上也是得益于在制造技术领域研究成果的支持。

传统的机械制造过程是一个离散的生产过程,它是以制造技术为核心的一个狭义的制造过程。随着科学技术的发展,传统的机械制造技术与计算机技术、数控技术、微电子技术、传感技术等相互结合形成了以系统性、设计与工艺一体化、精密加工技术、产品全过程制造和人、组织、技术三结合为特点的先进制造技术。其涉及的领域可概括为与新技术、新工艺、新材料和新设备有关的单项制造技术和与生产类型有关的综合自动化技术两方面。其发展方向主要在以下几个方面:

1)制造系统的自动化

机械制造自动化的发展经历了单机自动化、自动线、数控机床、加工中心、柔性制造系统、计算机集成制造和并行工程等几个阶段,并进一步向柔性化、集成化、智能化发展。CAD/CAPP/CAM/CAE(计算机辅助设计/计算机辅助工艺规程/计算机辅助制造/计算机辅助分析)等技术进一步完善并集成化,为提高生产效率、改善劳动条件、保证产品质量、实现快速响应提供了必要的保证。

1

2）精密工程与微型机械

精密工程包括精密和超精密加工技术，微细加工和超微细加工技术，纳米技术等。它在超精密加工设备，金刚石砂轮超精密磨削，先进超精密研磨抛光加工，去除、附着、变形加工等原子、分子级的纳米加工，微型机械的制造等领域取得了进展。

3）特种加工

它是指利用声、光、电、磁、原子等能源实现的物理的、化学的加工方法，如超声波加工、电火花加工、激光加工、电子束加工、电解加工等。它们在新型材料、难加工材料的加工和精密加工中取得了良好的效果。

4）表面工程技术

即表面功能性覆层技术，它是通过附着（电镀、涂层、氧化）、注入（渗氮、离子溅射、多元共渗）、热处理（激光表面处理）等手段，使工件表面具有耐磨、耐蚀、耐疲劳、耐热、减摩等特殊的功能。

5）快速成型制造（RPM）

它是利用离散、堆积、层集成形的概念，将一个三维实体零件分解为若干个二维实体制造出来，再经堆积而构成三维实体零件。利用这一原理与计算机辅助三维实体造型技术和CAM技术相结合，通过数控激光机和光敏树脂等介质可实现零件的快速成型。

6）智能制造技术

智能制造技术是指把专家系统、模糊理论、人工神经网络等技术应用于制造中，解决多种复杂的决策问题，提高制造系统的实用性和技术水平。

7）敏捷制造、虚拟制造、精良生产、清洁生产等概念的提出和应用

先进制造技术是以传统的加工技术和工艺理论为基础，结合科技发展的最新成果而发展起来的。先进制造技术的应用还需要检测技术、质量控制技术、材料技术、工具技术等的支持。

在经济全球化的进程中，随着劳动和资源密集型产业向发展中国家的转移，我国正在逐步成为世界的重要制造基地。但是，由于我国工业化进程起步较晚，与国际先进水平相比，制造业和制造技术还存在着差距，因此必须加强对制造技术领域的研究，大胆进行技术创新，同时积极引进和消化国外的先进制造技术和理念，尽快形成我国自主创新和跨越式发展的先进制造技术体系，使我国制造业在国内、国际市场竞争中立于不败之地。

0.2　课程性质、任务和要求

机械加工常识课程是机械类专业的主干专业课或机电类专业的主干专业基础课，它承上启下，既承接前面的《机械识图》《公差配合与测量》《工程材料》等前期课程，也为后续的先进制造（数控加工）技术做准备。机械加工制造的基本任务是：依据零件的结构形状和加工质量要求，选择适当的机床，选用合适的刀具及切削参数，选择合适的机床夹具，按照一定的加工方法和顺序，按优质、高产、低成本的制造原则加工出合格的零件。

0.2.1 看懂零件图与加工技术要求

零件图的完成代表了机械设计过程的结束,同时也标志着机械加工制造的开始。零件图作为机械零件设计的结果,应表示该零件结构上已满足整台设备赋予它的工作性能要求,视图也符合相关国家标准;从机械加工制造的角度,它又应完整地表达了该零件的材质、加工精度和表面质量等加工要求。

(1)看懂零件图

零件图是表示零件结构、大小及技术要求的图样。任何机器或部件,都是由标准件、常用件和一般零件构成的。

1)零件图的基本内容

①图形:用一组图形按制图标准的规定将零件各部分的结构和形状,正确、完整、清晰地表达出来。如图0.1所示,并且符合"主、俯视图长对正""主、左视图高平齐""俯、左视图宽相等"的原则。

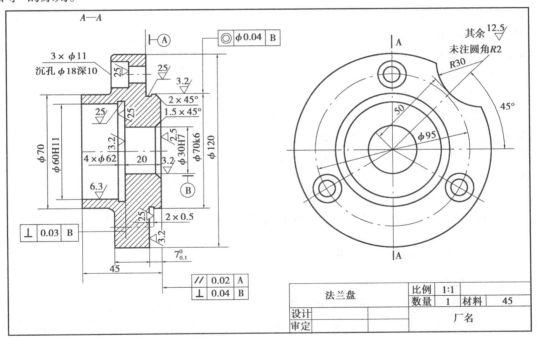

图0.1　零件图

②尺寸:用一组尺寸将加工零件所需的全部尺寸正确、完整、清晰、合理地标注出来。

③技术要求:用规定的代号、数字、字母或另加文字注解,简明、准确地给出零件在加工、检验和使用时应达到的各项技术指标。

④标题栏:由名称及代号区、签字区、更改区和其他区组成的栏目。具体内容应按规定详尽填写。一般应写明单位名称、图样名称、图样代号,材料、比例,以及设计、审核、工艺、批准人员签名和时间(年、月、日)等。

2)零件图的视图位置

主视图反映零件的信息量最多,是一组视图的核心。主视图一般表示零件在设备上的工作位置或安装位置,有时也按零件常采用的加工位置摆放主视图。主视图的位置确定后,俯视图、左视图的位置就完全确定了。较复杂的零件往往还配有局部视图,如向视图、剖面图、剖视图等,都有特定的位置和表示方法,以最大限度地方便加工者读图。

3)零件图的尺寸标注

合理地标注尺寸,是指所注尺寸既符合设计要求,又满足工艺要求。一般遵循下列原则:

①从设计基准出发标注尺寸。所谓尺寸基准,就是零件图上标注尺寸的起点。一般,设计时采用零件的底平面、对称面、重要端面作回转体的轴线作为尺寸基准。底平面、对称面、重要端面作尺寸基准称为面基准,箱体、支座类零件常用,并且在零件的长、宽、高三个方向上至少应有一个尺寸基准;回转体的轴线作为尺寸基准称为线基准,另在长度方向上有一个基准即可。

②按加工要求标注尺寸。零件图上的尺寸标注应方便加工过程中各不同工种的工人看图,最好能将长、宽、高尺寸各自尽量集中在某一个视图上,使看图和查找容易。

③按测量要求标注尺寸。尺寸的标注应方便加工后的测量,如毂上键槽深度尺寸标注,如图0.2所示。标准给出的是毂槽深,图上标注的是孔尺寸加毂槽深,即是为了测量方便。

④避免标注为封闭尺寸。

4)零件图的技术要求

零件图的技术要求一般包含尺寸公差、形状公差、位置公差、表面粗糙度和热处理等,它们共同组成了零件的加工精度和表面质量要求,也是机械加工的难点。

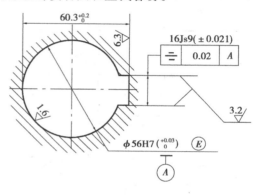

图0.2　毂槽深度尺寸

5)零件上常见的工艺结构

零件的结构形状,是根据它在机器(部件)中的作用及加工是否方便而确定的。

0.2.2　机械加工前识读零件图

(1)读图目的

了解零件的名称、所用材料和它在机器或部件中的作用;通过分析平面视图之间关系、想象出构成零件各组成部分的结构,从而在头脑中建立起一个完整的、具体的零件实物形象;再进一步阅读尺寸及其精度等级和形位精度、表面粗糙度和热处理等技术要求,对零件的复杂程度、制作方法及其加工难易程度有所认识,帮助理解随图下发的机械加工工艺文件。另外,在读图过程中还能发现个别视图的缺陷等以便在加工前弥补。

(2)读图的方法和步骤

①读图的方法读零件视图、想实体结构的基本方法仍然是形体分析法和线面分析法。

②看图的步骤

a.读标题栏,了解零件的名称、材料、画图比例等。明确这个零件是在什么机器上用的,并联系典型零件的分类,对零件有一个初步认识。

b.纵览全图,弄清视图之间的关系。看视图、想形状时不可急于求成,不应立即就将眼睛盯在某个视图上。因为一组图形通常有基本视图、向视图、剖视图、断面图等多种表达方法,加之投射方向、视图位置往往有变,所以,通过纵览应对所有视图有个初步了解。

具体地说,就是先找出主视图,再看看剖视图、断面图是在哪个位置、用什么方法剖切、向哪个方向投射的;向视图应从哪个方向看过去,等等。只有弄清各视图之间的方位关系,才能顺利进入细致分析零件形状的阶段。

c.详看视图想形状。要先看主要部分,后看次要部分;先看容易确定、能够看懂的部分,后看难以确定、不易看懂的部分;先看整体轮廓,后看细部结构。具体地说,就是要用形体分析法,分部分、想形状。对于局部投影难解之处,要用线面分析法仔细分析。最后将其综合,想象出零件的整体形状。

d.分析尺寸和技术要求。分析零件图上的尺寸,首先要找出三个方向的尺寸基准,然后从基准出发,按形体分析法找出各组成部分的定形尺寸、定位尺寸及总体尺寸。分析技术要求时,关键是弄清楚那些部位的要求高,以便考虑加工时采取相应措施予以保证。

e.综合归纳。通过以上几方面的分析,将获得的全部认识和资料在头脑里进行一次综合、归纳,即可得到对该零件的全面了解和认识,从而真正懂零件图。

0.2.3 机械加工工艺系统

机械加工中,由机床、夹具、刀具和工件组成的系统,称为工艺系统,如图0.3所示。一个机械产品的制造过程包括零件制造、整机装配等一系列的工作。零件的加工实质是零件表面的成形过程,这些成形过程是由不同的加工方法来完成的。在一个零件上,被加工表面类型不同,所采用的加工方法也就不同;同一个被加工表面,精度要求和表面质量要求不同,所采用的加工方法和加工方法的组合也不同。

机械加工常识的主要内容包括:

①各种加工方法和由这些方法构成的加工工艺。

②在机械加工中,由机床、刀具、夹具与被加工工件一起构成了一个实现某种加工方法的整体系统,这一系统称为机械加工工艺系统。工艺系统的构成是加工方法选择和加工工艺设计时必须考虑的问题。

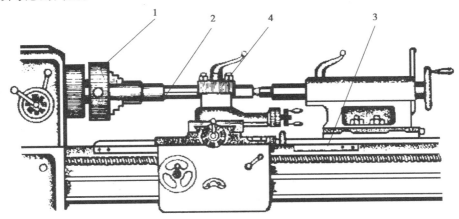

图0.3 车削工艺系统

1—车床通用夹具三爪卡盘、活动顶尖;2—加工工件阶梯轴;3—普通卧式车床;4—车刀

③为了保证加工精度和加工表面质量,需要对工艺过程的有关技术参数进行优化选择、

实现对加工过程的质量控制,因此工艺系统、表面成形和切削加工的基本理论是本课程的基本理论。

0.3　课程特点及学习方法

机械加工是各种机械制造过程所涉及的方法技术的总称,它包括以材料的成形为核心的金属和非金属材料成形方法(如铸造、焊接、锻造、冲压、注塑以及热处理),以切削加工为核心的机械冷加工和机械装配(如车削、铣削、磨削、装配工艺),以及其他特种加工(如电火花加工、电解加工、超声波加工、激光加工、电子束加工等)。其中,机械冷加工和机械装配占机械制造过程总工作量的60%以上,它是机械加工的主体,大多数机械产品的最终加工都依赖于机械冷加工来完成。本课程所讲的机械加工方法主要是指机械冷加工方法,特点是内容涉及面广,综合性强,灵活性大,实践性强。

机械加工是通过长期生产实践的理论总结而形成的。它源于生产实践,服务于生产实践。因此,本门课程的学习必须密切联系生产实践,在实践中加深对课程内容的理解,在实践中强化对所学知识的应用。

项目 **1**
机械加工机床

项目概述

机械加工机床是利用刀具将金属毛坯加工成具有特定尺寸、形状和表面质量的机器设备,通常简称为机床。机床技术性能的高低直接影响机械产品的质量及其制造经济性。本项目是解决零件加工时如何合理选用机床,熟练操作机床,快速、高效地加工零件产品。

项目内容

机床的基础知识,常用机械加工机床(车床、铣床、刨床、插床、拉床、钻床、镗床、磨床、齿轮加工机床)的种类、构造及附件、工艺范围、加工特点和加工方法。

项目目标

理解机床的型号、传动基础知识;理解常用机床(车床、铣床、刨床、插床、拉床、钻床、镗床、磨床、齿轮加工机床)的种类、构造及附件、工艺范围、加工特点和加工方法;了解数控机床及加工中心的工艺范围、加工特点。

任务 1.1　机床基础知识

任务要求

1.理解机床分类及型号编制。

2.熟悉机床的运动。

3.掌握机床的传动。

任务实施

1.1.1 机床分类及型号编制

(1)机床的分类

目前,机床基本分类是按机床加工方式、用途和所用刀具进行分类。我国机床可分为12大类:车床、钻床、镗床、磨床、齿轮加工机床、螺纹加工机床、铣床、刨插床、拉床、锯床、特种加工机床及其他机床。

除上述分类法外,按机床的适用范围可分为通用机床、专门化机床和专用机床三类;按机床的精度等级可分为普通机床、精密机床和高精度机床;按工件大小和机床质量,可分为仪表机床、中小型机床、大型机床(10~30 t)、重型机床(30~100 t)和超重型机床(100 t以上);按自动化程度,可分为手动操作机床、半自动机床和自动机床;按机床的自动控制方式,可分为仿形机床、数控机床和加工中心等;按机床的结构布局形式,可分为立式、卧式、龙门式等。其中,数控机床按工艺用途分为数控车床、车削中心、数控铣床、数控钻床、数控镗床等,按伺服系统控制方式分为开环、闭环、半闭环。

随着机床技术的发展,其分类方法也将不断发展,现代机床正向着数控化方向发展,数控机床的功能日趋多样化,工序更加集中。

(2)机床的型号编制

机床型号编制如图1.1所示。

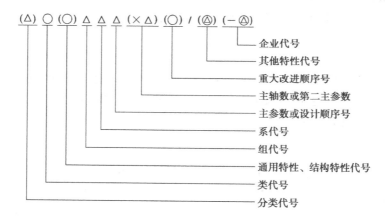

注:△表示数字;○表示大写汉语拼音或英文字母;括号中表示可选项,当无内容时不表示,有内容时则不带括号;Ⓐ表示大写汉语拼音字母或阿拉伯数字,或两者兼有之。

图1.1

机床的品种和规格很多,为了便于区别、管理和使用,需要对每种机床编制一个型号。我国现行的《机床切削机床型号编制方法》(GB/T 15375—1994)是1994年颁布实施的。机床型号由基本和辅助两部分组成,中间用"/"隔开,读做"之"。其表示方法为:

1)机床的类代号

它是用汉语拼音字母(大写)表示,居型号的首位。机床常分为12类,见表1.1。其中如有分类者,在类代号前用数字表示区别(第一分类不表示),如第二分类的磨床表示为 2 M。

表 1.1　机床的类代号

类别	车床	钻床	镗床	磨　　床			齿轮加工机床	螺纹加工机床	铣床	刨插床	拉床	特种加工机床	锯床	其他机床
代号	C	Z	T	M	2M	3M	Y	S	X	B	L	D	G	Q
读音	车	钻	镗	磨	2磨	3磨	牙	丝	铣	刨	拉	电	割	其

2)通用、结构特性代号

当某类型机床除有普通型外,还具有表 1.2 所示的通用特性时,则在类代号之后予以表示,如精密磨床 MM1432。

表 1.2　通用、结构特性代号

通用特性	高精度	精密	自动	半自动	数控	加工中心(自动换刀)	仿形	轻型	加重型	简式	柔性加工单元	数显	高速
代号	G	M	Z	B	K	H	F	Q	C	J	R	X	S
读音	高	密	自	半	控	换	仿	轻	重	简	柔	显	速

对主参数相同而结构、性能不同的机床,在型号加结构特性代号予以区分。如机床型号中有通用特性代号,结构特性代号以大写汉语拼音字母列于其后,否则直接列于类代号后。能用作结构特性代号的字母有:A、D、E、L、N、P、R、S、T、U、V、W、X 和 Y;也可将上述两个字母组合起来使用,如 AD、AE 或 DA、EA 等。

3)机床的组、系代号

每类机床按其用途、性能、结构等分为若干组,如车床分为 10 组,见表 1.3。每组又可分为若干系,如落地及卧式车床组中有 6 个系。在机床型号中,第一位数字表示组别,第二位数字表示系别。

表 1.3　机床的组、系代号

机床类别		0	1	2	3	4	5	6										7	8	9
								落地及卧式车床												
								0	1	2	3	4	5	6	7	8	9			
Ⅰ 车床	C	仪表车床	单轴自动车床	多轴自动、半自动车床	回轮、转塔车床	曲轴及凸轮轴车床	立式车床	落地车床	卧式车床	马鞍车床	无丝杠车床	卡盘车床	球面车床					仿形及多刀车床	轮、轴、锭及辊及铲齿车床	其他车床

4）机床的主参数和第二主参数

型号中的主参数用折算值（一般为机床主参数实际数值的 1/10 或 1/100）表示，位于组、系代号之后。表 1.4 列出了常用机床的主参数及其折算系数，如 C6150 的主参数（床身上最大回转直径）为 500 mm。

第二主参数加在主参数后面，用"×"分开，如 C2150×6 表示最大棒料直径为 50 mm 的卧式六轴自动车床。

5）机床重大改进的序号

当机床的结构、性能有重大改进和提高时，按其设计改进的次序，分别用 A、B、C、D…表示，放在机床型号的末尾。如 C6140A 是 C6140 经过第一次重大改进的车床。

表 1.4　机床主参数

机床名称	主参数/mm	主参数折算系数	机床名称	主参数/mm	主参数折算系数
卧式车床	床身上最大回转直径	1/10	立式升降台铣床	工作台面宽度	1/10
摇臂钻床	最大钻孔直径	1/1	卧式升降台铣床	工作台面宽度	1/10
卧式坐标镗床	工作台面宽度	1/10	龙门刨床	最大刨削宽度	1/100
外圆磨床	最大磨削直径	1/10	牛头刨床	最大刨削长度	1/100

1.1.2　机床的运动

各种类型的机床在进行切削加工时，应使刀具与工件之间具有正确的相对运动，以便刀具按一定规律切除毛坯上多余金属，获得具有一定几何形状、尺寸精度、位置精度和表面质量的工件。如图 1.1 所示车削圆柱表面，在工件安装于三爪自定心卡盘，启动主轴后，首先通过手动方式将车刀在纵、横向靠近工件（运动Ⅱ和Ⅲ）；然后根据所要求的加工直径 d，将车刀横向切入一定深度（运动Ⅳ）；通过工件旋转（运动Ⅰ）和车刀的纵向直线运动（运动Ⅴ），车削出圆柱表面；当车刀纵向移动所需长度 l 时，横向退离工件（运动Ⅵ），纵向退回至起始位置（运动Ⅶ）。除了上述运动外，尚需完成开车、停车和变速等动作。

机床在加工过程中所需的运动，可按其功用不同而分为表面成形运动和辅助运动两类。

（1）表面成形运动

机床在切削过程中，使工件获得一定表面形状所必需的刀具和工件间的相对运动称为表面成形运动。如图 1.2 所示，工件的旋转运动Ⅰ和车刀的纵向运动Ⅴ是形成圆柱表面的成形运动。机床加工时所需表面成形运动的形式、数目与工件加工表面形状、所采用的加工方法和刀具结构有关。根据切削过程中所起的作用不同，表面成形运动又可分为主运动和进给运动。

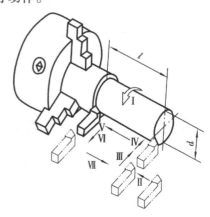

图 1.2　机床的运动

1）主运动

在切削加工时，直接切除工件上多余金属层，使之变为切屑，以形成工件新表面的运动为主运动。主运动的速度最高，消耗的功率最大。通常主运动只有一个，它由工件和刀具完成，可以是旋转运动，也可以是直线运动，如图1.3所示。

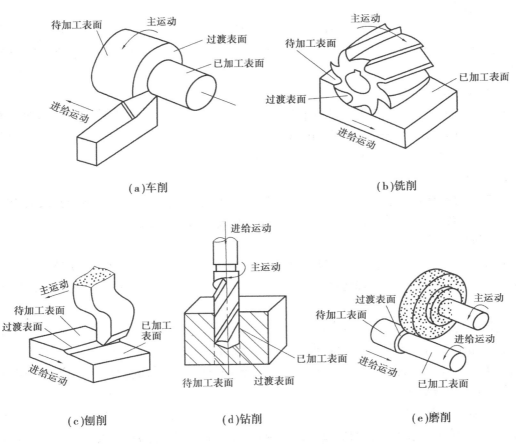

（a）车削　　　　　　　　　　　（b）铣削

（c）刨削　　　　　（d）钻削　　　　　（e）磨削

图1.3　切削运动和加工表面

2）进给运动

进给运动是保证将被切削层不断地投入切削，以逐渐加工出整个工件表面的运动。如车削外圆柱表面时，车刀的纵向直线运动、钻床上钻孔时刀具的轴向运动、卧式铣床工作台带动工件的纵向或横向直线移动等都是进给运动，如图1.3所示。进给运动速度较低，消耗机床动力很少，如卧式车床的进给功率仅为主电动机功率的1/30～1/25。

（2）辅助运动

除了表面成形运动外，机床上其他所需运动都属辅助运动，如图1.2所示。这些运动与外圆柱表面形成无直接关系，但也是整个加工过程中必不可少的。辅助运动的种类很多，主要包括刀具接近工件，切入，退离工件，快速返回原点的运动。为使刀具与工件保持相对正确位置的对刀运动，多工位工作台和多工位刀架的周期换位以及逐一加工多个相同局部表面时，工件周期换位所需的分度运动等。另外，机床的启动、停车、变速、换向以及工件的夹紧、松开等的操纵控制运动，也属于辅助运动。

1.1.3 机床的传动

（1）机床传动的基本组成

为获得加工过程中所需的各种运动，机床应具备以下三部分。

1）动力源

提供运动和动力的装置称为动力源，最常用的是三相异步电动机，有的机床也采用直流电动机、步进电动机等。可以几个运动共用一个动力源，也可以每个运动单独使用一个动力源。

2）传动装置

传递运动和动力的装置称为传动装置，它可以改变运动性质、方向和速度。传动装置可将动力源和执行件或两个执行件之间联系起来，并保持确定的运动关系。传动装置一般有机械、液压、电气、气压等多种形式。

3）执行件

直接执行机床运动的部件称为执行件，如刀架、主轴、工作台等。工件或刀具装夹于执行件上，并由其带动，按正确的运动轨迹完成一定的旋转或直线运动。

（2）机床的传动链

传动链是由一系列的传动件将执行件和动力源或将两个执行件之间组成的传动联系。机床加工中所需的各种运动都通过相应的传动链来实现。根据传动联系的性质，传动链可分为两类：

内联系传动链是用来连接有严格运动关系的两执行件，以获得准确的加工表面形状及较高的加工精度。例如在车床上车削螺纹时，为了得到准确的螺纹形状和导程，要求保证主轴（工件）每转一转，车刀必须移动一个导程。这类传动链中只能采用瞬时传动比没有变化的传动机构，如齿轮传动、蜗杆传动等。

外联系传动链只是将运动和动力传递到执行件上去，其传动比只影响加工速度或表面粗糙度，而不影响工件表面形状的形成，故它不要求有严格的传动比关系，如车床中主运动传动链。它可以采用瞬时传动比有变化的传动机构，如摩擦传动、链传动等。

（3）传动系统及表达形式

实现一台机床加工过程中全部运动的所有传动链，构成了机床的传动系统。机床有多少个运动，就相应地有多少条传动链。

机床传动系统图是用规定的图形符号（GB/T 4460—1994）按运动传递的先后顺序画出机床各个传动链的综合简图。它能清晰地表示机床传动系统中各个零件及其相互联系，只表示传动关系，不代表各传动件的实际尺寸和空间位置。它是分析机床运动、计算机床转速和进给量的重要工具。如图 1.4 所示为 CA6140 型卧式车床的传动系统图。

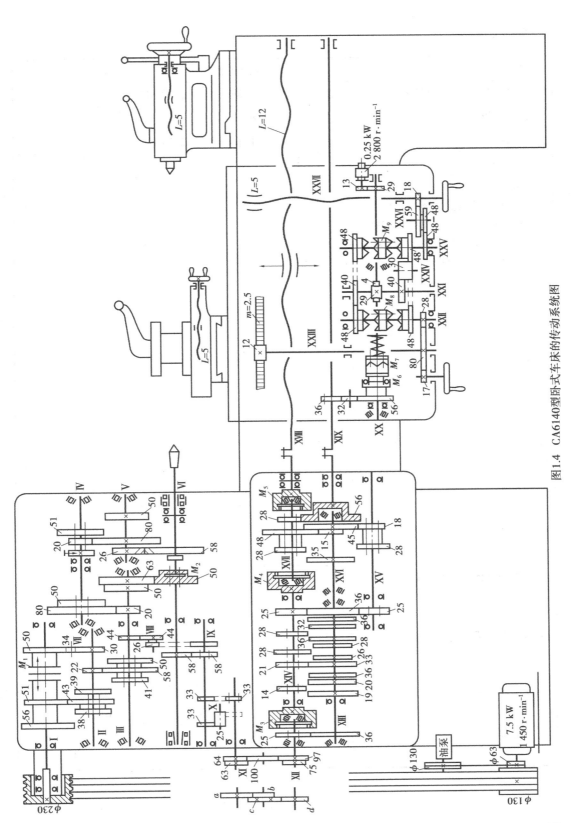

图1.4 CA6140型卧式车床的传动系统图

学习工作单

工 作 单	机床的基础知识		
任 务	理解机床分类及型号编制；熟悉机床的运动；掌握机床的传动		
班 级		姓 名	
学习小组		工作时间	2 学时

[知识认知]

MG1432A 的含义

1. 理解机床分类及型号编制。

2. 分组讨论机床型号编制的方法?

3. 叙述机床运动与零件加工的关系。

4. 常见加工运动分析。

任务学习其他说明或建议：

指导老师评语：

任务完成人签字：

日期： 年 月 日

指导老师签字：

日期： 年 月 日

任务1.2　常用机械加工机床

任务要求

1.掌握常用机械加工机床(车床、铣床、刨床、插床、拉床、钻床、镗床、磨床、齿轮加工机床)的种类、构造及附件。

2.理解机械加工机床(车床、铣床、刨床、插床、拉床、钻床、镗床、磨床、齿轮加工机床)的工艺范围、加工特点和加工方法。

3.会操作常用机械加工机床。

任务实施

1.2.1　车床

车床是切削加工的主要设备,它能完成多种切削加工,在机械制造业中是应用最为广泛的机械加工设备。

(1)车床的分类、用途及特点

1)车床的分类

车床的种类很多,按用途和结构不同可分为卧式车床、立式车床、转塔车床、仿形车床、多刀车床、自动车床、数控车床、车削中心等。其中,CA6140型卧式车床是加工范围很广的万能性车床,如图1.5所示。

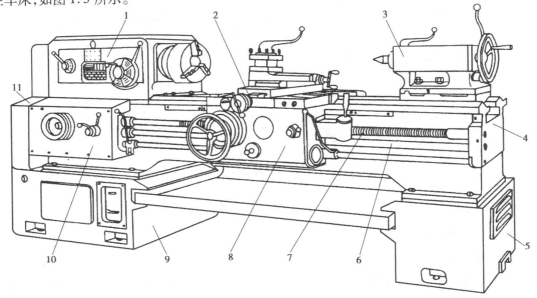

图1.5　CA6140型卧式车床外形

1—主轴箱;2—刀架;3—尾座;4—床身;5、9—床腿;6—光杠;7—丝杠;

8—溜板箱;10—进给箱;11—交换齿轮变速机构

2)车床的用途

车削加工加工的范围很广,它可以钻中心孔、钻孔、扩孔、铰孔、车内孔、车外圆、车端面、切槽或切断、车螺纹、车圆锥面、车特形面、滚花、车台阶、车特形面和盘绕弹簧等,如图1.5所示。如果在车床上安装其他附件和夹具,还可以进行磨削、珩磨、抛光、车多边形等。

3)车削加工的工艺特点

①车削属于等截面连续切削,因此切削过程平稳,具备了高速切削和强力切削的重要条件,生产效率较高。

②车削加工应用范围广泛,能很好地适应工件材料、结构、精度、表面粗糙度及生产批量的变化。它既可车削各种钢材、铸件等金属,又可车削玻璃钢、尼龙、胶木等非金属。对于不易进行磨削的有色金属零件的精加工,可采用金刚石车刀进行精细车削来完成。

③车刀一般为单刃刀具,其结构简单、制造容易、刃磨方便、装夹迅速。同时,便于根据加工要求选择刀具材料和刃磨合理的刀具角度,有利于保证加工质量、提高生产效率和降低生产成本。

④在对不易断屑的塑性材料进行切削时,除合理地选择刀具几何角度和切削用量外,还应考虑断屑问题。

⑤车削加工多用于粗加工或半精加工,其精度范围一般为 IT12 ~ IT7,表面粗糙度 R_a 可达 12.5 ~ 1.6 μm。

总之,车削加工具有适应性强、生产效率高和加工成本低的特点。

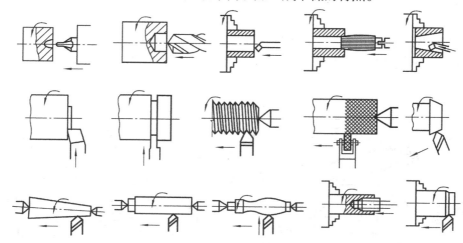

图 1.6　卧式车床所能加工的典型表面

(2)CA6140 型卧式车床

1)车床的型号和总体布局

CA6140 表示床身上最大回转直径为 400 mm 的卧式车床,它的最大加工长度有 750、1 000、1 500、2 000 mm 等四种。CA6140 型卧式车床的外形,如图1.5所示,其主要部件及功用如下:

①主轴箱。主轴箱1固定在床身4的左上部,其功用是支承主轴部件并将电动机的旋转运动传递给主轴,并通过夹具带动工件一起旋转,可使主轴得到正、反转不同的多种转速。

②刀架。刀架 2 可沿床身 4 上的导轨作纵向移动。它有几层组成,其功用是装卡车刀,实现纵向、横向或斜向运动。

③尾座。尾座 3 装在床身尾部导轨上,并可沿导轨纵向调整位置。尾座上的套筒锥孔内可安装顶尖支承长工件,也可安装钻头、铰刀等孔加工刀具进行孔加工。

④进给箱。进给箱 10 固定在床身的左端前侧,通过箱中的变速装置,可以改变丝杠 7 或光杠的 6 转速,从而改变螺距或进给量。

⑤溜板箱。溜板箱 8 安装在刀架部件的底部。通过它把丝杠 7 或光杠 6 的旋转运动,传给刀架部件,实现车刀的纵向、横向运动(运动方向、启动或停止)或车螺纹运动。

⑥床身。床身 4 固定在左、右床腿 9 和 5 上,用来支承其他部件,并使它们保持准确的相对位置。

2)CA6140 型卧式车床的传动系统

如图 1.4 所示,整个传动系统主要由主运动传动链、车螺纹传动链、纵向进给传动链、横向进给传动链及快速移动传动链组成。图中 L 为螺纹的螺距,m 为齿轮齿条的模数。

分析传动系统图一般采用先明确此传动链的首端件和末端件,然后再找出它们之间的传动联系,从而找出运动的传动路线。

①主运动传动链。

主运动由电动机(7.5 kW,1 450 r/min)经 V 形带轮传动副 $\not\subset 130/\not\subset 230$ 传至主轴箱中的轴 I,轴 I 上装有双向摩擦片式离合器 M_1,其作用是使主轴正、反转或停止,也起到安全保护作用。主运动传动链的传动路线表达式如图 1.7 所示。

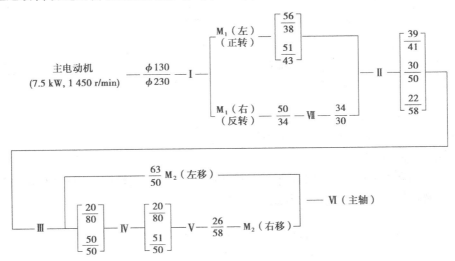

图 1.7

由传动路线表达式可以看出,主轴理论上可获得 $2 \times 3 \times (1 + 2 \times 2) = 30$ 级转速,由于轴 IV 与轴 V 间的四种传动比为:

$$u_1 = \frac{20}{80} \times \frac{20}{80} = \frac{1}{16} \qquad u_2 = \frac{50}{50} \times \frac{20}{80} = \frac{1}{4}$$

$$u_3 = \frac{20}{80} \times \frac{51}{50} \approx \frac{1}{4} \qquad u_4 = \frac{50}{50} \times \frac{51}{50} \approx 1$$

其中,u_2 和 u_3 近似相等,所以实际上只有3种不同的传动比,此时主轴实际上正转只能获得 $2 \times 3 \times [1 + (2 \times 2 - 1)] = 24$ 种不同的转速。

同理,主轴反转时有 $3 \times [1 + (2 \times 2 - 1)] = 12$ 种不同的转速。主轴反转时,轴 Ⅰ—Ⅱ 间的传动比比正转时大,所以反转速度高于正转。主轴反转主要用于车螺纹时,不断开主轴和刀架间传动联系的情况下,使刀架退至起始位置,以免在下一次切削时发生乱扣现象。采用高速,可节省辅助时间。

②车螺纹进给传动链。

在 CA6140 型卧式车床上除可加工米制、英制、模数和径节四种标准螺纹外,还可加工大导程、非标准和较精密的螺纹,这些螺纹可以是右旋或左旋的。CA6140 型车床车削螺纹的传动路线表达式如图 1.8 所示。

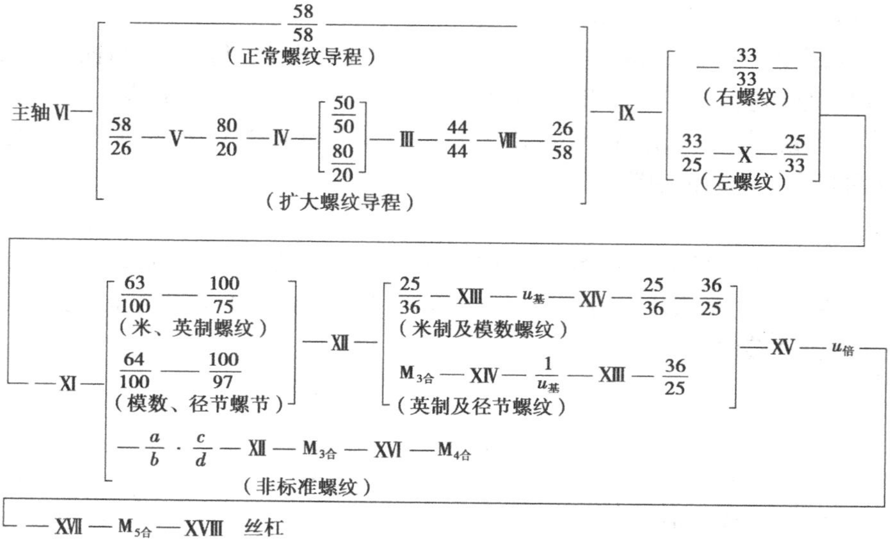

图 1.8

通过 $u_基$ 和 $u_倍$ 使标准螺纹的螺距按分区段成等差数列排列。

③纵、横向进给传动链。

在加工外圆和端面时,可使用纵、横向进给传动链。为避免丝杠磨损过快,机动进给运动是由光杠经溜板箱传动的。其传动路线表达式如图 1.9 所示。

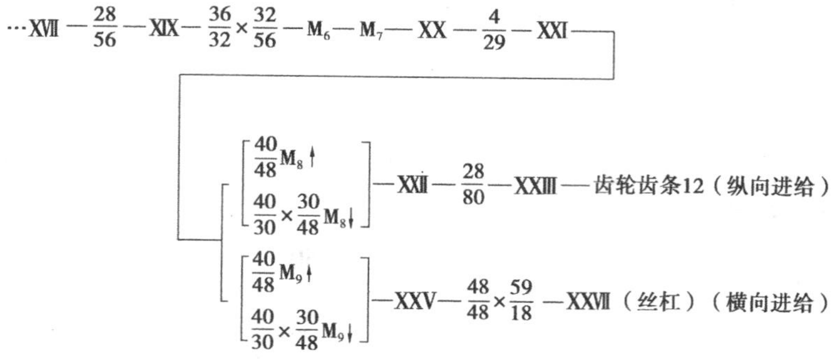

图 1.9

CA6140 型车床纵向和横向进给量各有 64 种,有 4 种类型:正常进给量(0.08 ~ 1.22 mm/r),共 32 级;较大进给量(0.86 ~ 1.59 mm/r),共 8 级;细进给量(0.028 ~ 0.054 mm/r),共 8 级,用于高速精车;加大进给量(1.7 1 ~ 6.33 mm/r),共 16 级,用于强力切削或宽刃精车。当主轴箱及进给箱中的传动路线相同时,所得到的横向进给量是纵向进给量的一半。

④刀架快速移动传动链。

刀架的纵、横向快速移动由装在溜板箱右侧的快速电动机(0.25 kW,2 800 r/min)带动。电动机的运动由齿轮副 1 3/29 传至轴 XX,然后沿机动传动路线传至纵向进给齿轮齿条副或横向进给丝杠,获得刀架在纵向或横向的快速移动。轴 XX 左端的超越离合器 M_6 能保证快速移动与工作进给不发生干涉。

此外,CA6140 车床溜板箱中设置了超越离合器和安全离合器。超越离合器用于正常机动进给和快速移动的自动转换。当进给力过大或刀架移动受阻时,为避免损坏传动机构,安全离合器会自动断开传动,当过载消除后,又继续传动,起安全保护作用。

(3)其他车床简介

1)立式车床

立式车床的主要特点是主轴垂直布置,它有一个水平回转工作台,能承受较大的重量,便于找正和装夹形状复杂且较笨重的工件,主要用于加工大型圆盘类零件。立式车床有单柱和双柱立式车床两种,如图 1.10 所示。前者加工直径一般小于 1 600 mm;后者最大加工直径已达 2 500 mm 以上。

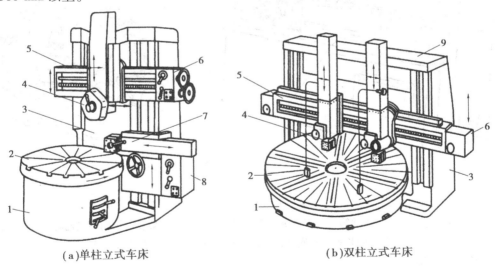

(a)单柱立式车床　　　　　　(b)双柱立式车床

图 1.10　立式车床外形

2)转塔车床

转塔车床装有前刀架,可以加工较大直径的外圆柱面、端面及沟槽,另装有一个带溜板箱的后刀架,可以用丝锥或板牙加工内、外螺纹。故工件在一次安装后,可以进行多道工序的加工,精度容易保证,效率高。根据后刀架的结构不同,它可以分为转塔式转塔车床(图 1.11)和回转式转塔车床(图 1.12)。后刀架均设有定程机构,加工到位时,可以自动停止进给,并快速返回原位,主要用于成批生产工序较多的盘套类零件及连接件的加工。

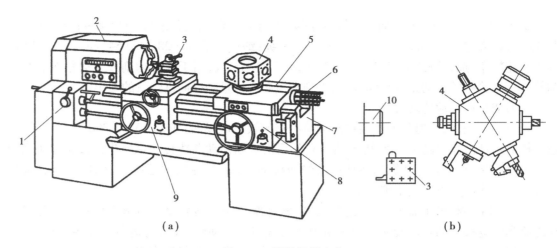

图 1.11 滑鞍转塔车床

1—进给箱;2—主轴箱;3—前刀架;4—转塔刀架;5—纵向溜板;6—定程装置;

7—床身;8—转塔刀架溜板箱;9—前刀架溜板箱;10—主轴

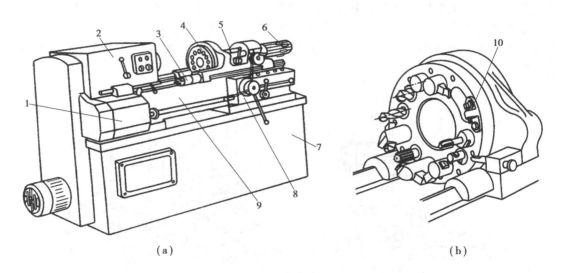

图 1.12 回轮车床外形

1—进给箱;2—主轴箱;3—刚性纵向定程机构;4—回轮刀架;5—纵向刀具溜板;

6—纵向定程装置;7—底座;8—溜板箱;9—床身;10—横向定程装置

3)多刀半自动车床

多刀半自动车床是指除装卸工件以外能自动完成的所有切削运动和辅助运动的车床。图 1.13 为液压半自动转塔车床的外观图。它具有较完善的"矩阵插销板"程控系统,可通过调整插销板按工件的加工程序自动加工。它主要用于成批和大量生产形状较复杂的盘套类零件的粗加工和半精加工,可对工件车削外圆、内孔、端面、内外沟槽、成形面、钻孔、扩孔、铰孔等,生产率较高。

4)多轴自动车床

图 1.14 所示是一台卧式四轴自动车床。它的工作方式是顺序作业,即每一主轴同时进行不同工步的加工。装在主轴上的工件在结束了一个工步的加工后,就随主轴转位到下一工

步的加工位置进行加工,直至完成整个工件的加工过程。这类机床适于加工形状复杂的工件。

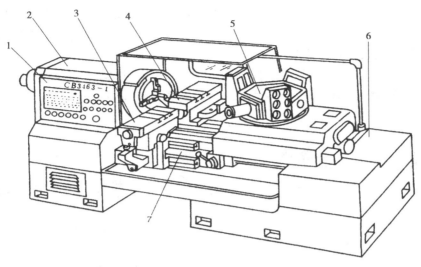

图 1.13 液压半自动转塔车床的外观图

1—程序控制箱;2—主轴箱;3—前刀架;4—后刀架;5—转塔刀架;6—液压控制箱;7—床身

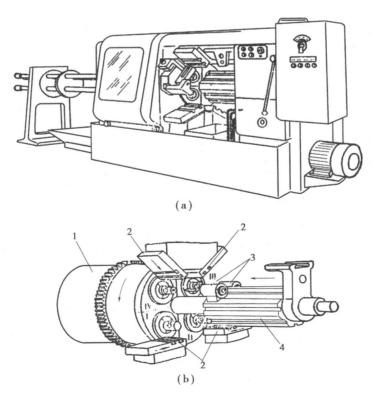

(a)

(b)

图 1.14 卧式四轴自动车床

1—主轴鼓;2—横刀架;3—纵刀架;4—导轨体

1.2.2 铣床

铣床用多刃的铣刀进行连续切削,生产率和加工表面质量较高。铣床的工艺范围很广,主要用于加工平面,在金属切削机床中所占的比例较大,约占金属切削机床总台数的25%。

(1)铣床的用途、分类及特点

铣床的用途十分广泛,在铣床上可以加工平面、沟槽、分齿零件(齿轮、链轮、棘轮、花键轴等)、螺旋形表面(螺纹、螺旋槽)及各种成形和非成形表面,此外,还可以加工内外回转表面和进行切断,如图1.15所示。

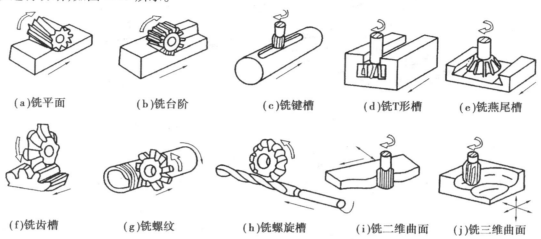

| (a)铣平面 | (b)铣台阶 | (c)铣键槽 | (d)铣T形槽 | (e)铣燕尾槽 |

| (f)铣齿槽 | (g)铣螺纹 | (h)铣螺旋槽 | (i)铣二维曲面 | (j)铣三维曲面 |

图1.15 铣床的典型加工表面

常见的通用铣床和数控铣床的类型、特点和应用见表1.5。

表1.5 常见通用铣床和数控铣床的类型、特点及应用

<table>
<tr><td colspan="2">类 型</td><td>特点及应用</td></tr>
<tr><td rowspan="6">通用铣床</td><td>工作台不升降台式铣床</td><td>工作台不能升降,可作纵向和横向进给运动及快速移动;主轴可沿轴线方向作轴向进给或调位移动。可加工大、中型工件的平面和导轨面</td></tr>
<tr><td>卧式万能升降台式铣床</td><td>主轴水平布置,工作台可作纵向、横向和垂直三个方向的进给运动或快速移动,亦可在水平面内作最大角度为±45°的回转。适用于加工平面、斜面、沟槽、成形表面和螺旋面等</td></tr>
<tr><td>立式铣床</td><td>主轴垂直布置,工作台可作纵向、横向和垂直三个方向的进给运动或快速移动,主轴可作轴向进给或调位移动,且能在垂直平面内调整一定角度。适用于加工平面、斜面、沟槽、台阶和封闭轮廓表面</td></tr>
<tr><td>工具铣床</td><td>有两个互相垂直的主轴,其中之一能作横向移动;工作台不作横向移动,但能在三个垂直平面内回转一定角度。适用于加工形状复杂的各类刀具的刀槽、刀齿,工具、夹具和模具等</td></tr>
<tr><td>龙门铣床</td><td>横梁和立柱上分别安装铣头,各铣头都有独立的主运动、进给运动和调位移动;工作台可作纵向进给。适用于加工大、中型工件的平面和成形表面</td></tr>
<tr><td>仿型铣床</td><td>利用靠模可加工立体成形表面,如锻模、压模、叶片、螺旋桨的曲面等</td></tr>
</table>

续表

类　　型		特点及应用
数控铣床	数控仿型铣床	通过数控装置将靠模移动量数字化后,可得到较高的加工精度,可进行较高速度的仿型加工
	数控卧式铣床	利用数控装置可提高加工效率和加工精度,可以加工手动铣床难以加工的零件
	数控立式铣床	
	数控万能工具铣床	有手动指令简易数控型、直线点位系统数控型和曲线轨迹系统数控型;操作方便、便于调试和维修
	数控龙门铣床	采用数控装置,能铣削大工件大平面

(2)X6132型万能卧式升降台铣床

X6132 表示工作台面宽度为 320 mm 的万能卧式升降台铣床。该机床功率大,转速高,变速范围大,刚性好,操作方便,加工范围广,对产品的适应性强,能加工中小型平面、特型表面、各种沟槽和小型箱体上的孔。

1)主要组成部件

如图 1.16 所示,床身 2 固定在底座 1 上,用来安装和支承其他部件。床身内装有主轴部件、主变速传动装置及变速操纵机构。悬梁 3 安装在床身顶部,可沿燕尾槽导轨前后调整位置。悬梁上的刀杆支架 4 用于支承刀杆,以提高刚性。升降台 8 安装在床身前侧面的垂直导轨上,可作上下移动。升降台内装有进给运动传动装置和操纵机构。升降台的水平导轨上装有床鞍 7,可沿主轴轴线方向横向移动。床鞍上装有回转盘 9。回转盘上面的燕尾形导轨上装有工作台 6,工作台可沿导轨作垂直于主轴轴线方向的纵向移动,同时,工作台通过回转盘可绕垂直轴线在 −45° ~45° 范围内调整角度,以铣削螺旋表面。

2)主要部件结构

主轴部件(图 1.17)。主轴部件用于安

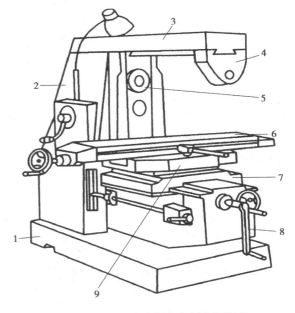

图 1.16　X6132 型万能卧式升降台铣床
1—底座;2—床身;3—悬梁;4—刀杆支架;5—主轴;
6—工作台;7—床鞍;8—升降台;9—回转盘

装铣刀并带动其旋转。由于铣削力呈周期性变化,容易引起振动,因此主轴部件必须具有较高的刚性和抗振性。主轴采用三支承结构以提高刚性。前支承 6 采用圆锥滚子轴承,用于承受径向力和向左的轴向力;中间支承 4 采用圆锥滚子轴承,用于承受径向力和向右的轴向力;后支承 2 为辅助支承,采用单列深沟球轴承,只承受径向力。

飞轮 9 用螺钉和定位销与主轴 1 上的大齿轮紧固在一起,利用它在高速运转中的惯性,缓解由于断续切削引起的冲击振动。主轴是一空心轴,前端有 7:24 的精密锥孔,作刀具定位

用;端面键8用螺钉固定在径向槽中,用于传递转矩。锥孔用于刀具、刀具心轴的定心。通孔用于拉杆从主轴尾部通过中心孔将刀具、刀具心轴拉紧在锥孔内。

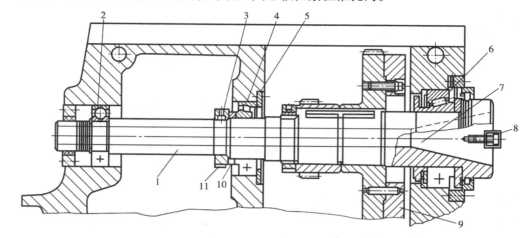

图 1.17　主轴部件结构

1—主轴;2—后支承;3—锁紧螺钉;4—中间支承;5—轴承盖;6—前支承;

7—主轴前锥孔;8—端面键;9—飞轮;10—隔套;11—螺母

3)万能分度头

①用途和构造。万能分度头是升降台式铣床配备的常用附件,用于扩大工艺范围。加工时,工件装在万能分度头主轴的顶尖或卡盘上,可以完成以下工作:使工件绕轴线回转一定角度,完成等分或不等分的圆周分度工作,如加工方头、六角头、齿轮、链轮等;通过配换齿轮,由分度头带动工件连续转动,与工作台的纵向进给运动相配合,完成螺旋槽、螺旋齿轮和阿基米德螺旋线凸轮的加工;用卡盘夹持工件,使工件轴线相对于工作台倾斜一定角度,用于加工斜面和斜槽等。

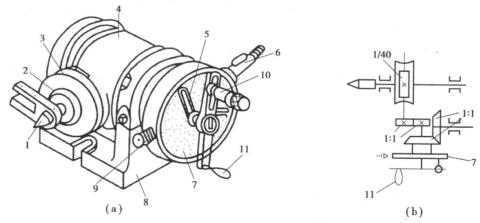

（a）　　　　　　　　　　　　　　　　　　（b）

图 1.18　FWl25 型万能分度头

1—顶尖;2—分度头主轴;3—刻度盘;4—壳体;5—分度叉;6—分度头外伸轴;7—分度盘;

8—底座;9—锁紧螺钉;10—插销;11—分度头手柄

图 1.18 为 FWl25 型万能分度头的外形及传动系统。分度头主轴 2 安装在鼓形壳体 4 内,鼓形壳体以两侧轴颈支承在底座 8 上,可绕其轴线回转 -6°~95°。分度头主轴的前端有锥孔,用于安装顶尖 1,其外部有一定位锥体,用于安装三爪卡盘。转动手柄 11,经 1/1 齿轮传

动副及 1/40 的蜗杆蜗轮副,带动分度头主轴回转至所需的分度位置。分度手柄转过的转数,由插销 10 所对分度盘 7 上孔圈的小孔数目来确定。这些小孔在分度盘端面上,以不同孔数等分地分布在各同心圆上。FWl25 型分度头备有三块分度盘,供分度时选用,每块盘有 8 圈孔,每圈孔数分别为:

第一块 16、24、30、36、41、47、57、59;

第二块 23、25、28、33、39、43、51、61;

第三块 22、27、29、31、37、49、53、63。

插销 10 可在手柄 11 的长槽中沿分度盘半径方向调整位置,以便插入不同孔数的孔圈内。

②分度方法。

a. 直接分度法,用于分度数目较少(如等分 2、3、4、6)或分度精度不高的场合。分度时,先脱开蜗轮蜗杆啮合,用手直接转动分度头主轴进行分度。分度数目由分度头主轴上的刻度盘 3 和固定在鼓形壳体 4 上的游标读出。分度完毕后,用锁紧装置将分度主轴紧固,以免加工时转动。

b. 简单分度法,用于分度数目较多且分度时能转过三块分度盘上整个孔间距的场合。分度前松开主轴锁紧装置,将蜗轮蜗杆啮合,用锁紧螺钉 9 将分度盘 7 固定,通过计算选择分度盘及其上的孔圈,调整插销 10 使其对准所选分度盘的孔圈。调整分度叉使它们包含所计算的孔间距。分度时先拔出插销 10,转动手柄 11,带动分度头主轴转至所需分度位置,然后将插销重新插入分度盘孔中。

设工件所需等分数为 z,即每次分度时分度头主轴应转过 1/z 转。由传动系统(图 1.18 (b))可知,手柄 11 每次分度时应转的转数为

$$n_k = \frac{1}{z} \times \frac{40}{1} \times \frac{1}{1} = \frac{40}{z}(转)$$

上式可写成如下形式:

$$n_k = \frac{40}{z} = a + \frac{p}{q}$$

式中　a——每次分度时,手柄应转的整圈数;

　　　p——插销 10 在 q 个孔的孔圈上应转过的孔距数;

　　　q——所选用孔圈的孔数。

例 1.1　在 FWl25 型万能分度头上对分度数 z = 28 进行分度。

解　由采用简单分度法知

$$n_k = \frac{40}{z} = \frac{40}{28} = 1 + \frac{12}{28} = 1 + \frac{21}{49} = 1 + \frac{27}{63}$$

选择第二块盘的 28 个孔的孔圈或第三块盘的 49(63) 个孔的孔圈。调整插销至相应的孔圈位置并插入,调整分度叉 5 的夹角,使其内缘在 28(49 或 63)个孔的孔圈上包含 13(22 或 28)个孔。每次分度手柄应转一转再在 28(49 或 63)孔圈上转过 12(21 或 27)个孔间距。

③铣螺旋槽的调整。利用万能分度头铣螺旋槽时,应进行如下调整:

a. 工件以分度头主轴顶尖和尾座顶尖支承,如图 1.19(a)所示。将工作台绕垂直轴线偏转一工件螺旋角 β,使铣刀旋转平面与工件螺旋槽的方向一致。根据螺旋槽的螺旋方向决定工作台偏转方向。

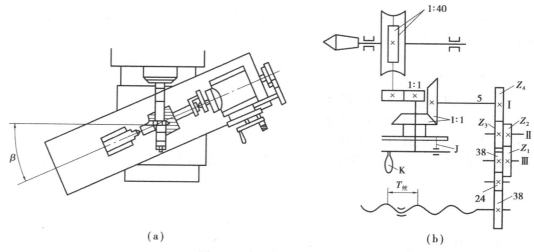

（a）　　　　　　　　　　　　（b）

图 1.19　加工螺旋槽的调整

b. 用交换齿轮 z_1、z_2、z_3 和 z_4 将工作台纵向进给丝杠与分度头主轴联系起来,如图 1.19 （b）所示。当工作台和工件沿工件轴线方向移动时,经丝杠、交换齿轮及分度头传动,带动工件作相应的回转运动。工件转一转,工作台带动工件移动一个工件的导程 T（即纵向进给丝杠转 $T/T_转$）,这时即可铣出导程为 T 的螺旋槽。根据传动系统图,可列出运动平衡式:

$$\frac{T}{T_丝} \times \frac{38}{24} \times \frac{24}{38} \times \frac{z_1}{z_2} \times \frac{z_3}{z_4} \times \frac{1}{1} \times \frac{1}{40} = 1$$

化简得

$$\frac{z_1}{z_2} \times \frac{z_3}{z_4} = \frac{40T_丝}{T}$$

式中　$T_丝$——工作台纵向丝杠导程,mm;

　　　T——工件螺旋槽导程,mm。

c. 对于分齿零件（如螺旋齿轮、螺旋铣刀、麻花钻头等）,每加工完一个齿槽后,应将工件从加工位置退出,拔出插销 10 使分度头主轴和纵向进给丝杠断开运动联系,然后用简单分度法对工件分度。

1.2.3　刨床和拉床

刨、拉床均属直线运动机床,主要加工各种平面、沟槽、通孔及其他成形表面。

（1）刨床

刨床类机床主要包括刨床和插床。该类机床的主运动是直线往复运动（刨床作水平方向的运动,插床作垂直方向的运动）,前进时为工作行程,返回为空行程。由于机床和刀具简单,应用灵活,因此,刨床在单件、小批量生产中常用于加工各种平面、沟槽以及纵向成形表面等。

1）牛头刨床

如图 1.20 所示,底座 6 上装有床身 5,滑枕 4 带着刀架 3 作往复主运动（由曲柄摇杆构实现）。工作台 1 带动工件在滑座 2 上作间歇的横向进给运动（棘轮棘爪机构）。滑座 2 可在床身上升降,以适应加工不同高度的工件。牛头刨床多用于加工与安装基面平行的表面。

2）龙门刨床

如图 1.21 所示为 B2012A 型龙门刨床外形图。立柱 6 固定于床身 1 的两侧,由顶梁 5 联

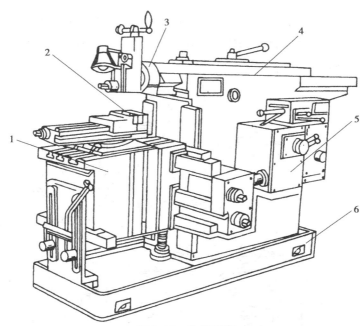

图 1.20 牛头刨床
1—工作台;2—滑座;3—刀架;4—滑枕;5—床身;6—底座

结,横梁 3 可在立柱上升降,组成有较高的刚度"龙门"框架。工作台 2 可在床身上作纵向往复主运动,两个立刀架 4 可在横梁上作横向运动,两个横刀架 9 可分别在两根立柱上作升降运动。这两个运动可以是间歇进给或快速调位运动。两立刀架的上滑板还可转动一定角度,以便作斜向进给运动加工斜面。龙门刨床主要用于中、小批量生产及修理车间加工大平面,特别是长而窄的平面,如导轨面和沟槽,也可在工作台上安装几个中小型零件同时加工。

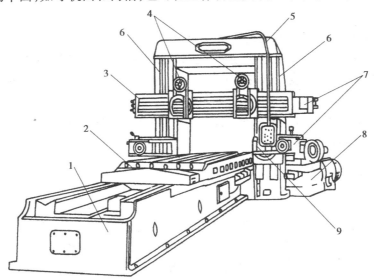

图 1.21 B2012 型龙门刨床外形图
1—床身;2—工作台;3—横梁;4—立刀架;5—顶梁;6—立柱;7—进给箱;8—变速箱;9—横刀架

3)插床

如图 1.22 所示,滑枕 5 带刀具作上下往复运动。工件可作纵横两个方向的移动。圆工作台还可作分度运动以插削按一定角度分布的几条键槽。插床多用于加工与安装基面垂直的面,如插键槽等,它相当于立式牛头刨床。但由于生产率低,牛头刨床和插床已在很大程度上分别被铣床和拉床所代替。

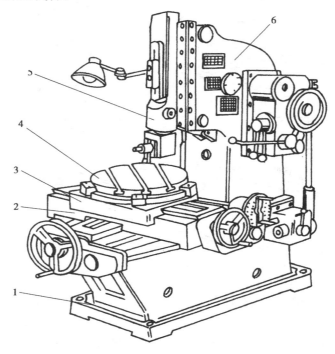

图1.22 插床
1—底座;2—托板;3—滑台;4—工作台;5—滑枕;6—立柱

(2)拉床

拉床用拉刀进行通孔、平面及成形表面(图1.23)的加工。

拉削过程中,拉刀作直线主运动,进给运动则依靠拉刀的齿升量,一次行程完成粗、精加工。拉床结构简单,拉削速度较低,拉削过程平稳,加工精度可达 IT7 ~ IT9 级,表面粗糙度 R_a 可达 0.8 μm 以下。

拉床按用途分为内表面拉床和外表面拉床;按机床的布局形式可分为卧式拉床和立式拉床。拉床的主参数是额定拉力。

1.2.4 钻床与镗床

(1)钻床

钻床是孔加工的主要机床。加工时,刀具作旋转主运动,同时沿轴向移动作进给运动。故钻床适用于加工外形较复杂、没有固定回转轴线的孔,尤其是多孔加工,如加工箱体、机架等零件上的孔。钻床上可完成钻孔、扩孔、铰孔、锪平面及攻螺纹等工作,如图1.24所示。

钻床的主参数是最大钻孔直径。根据用途和结构的不同,钻床可分为立式钻床、台式钻床、摇臂钻床、深孔钻床及中心孔钻床等。

1)立式钻床

图1.25是立式钻床的外形。变速器固定在立柱顶部,内装主电动机、变速机构及操纵机

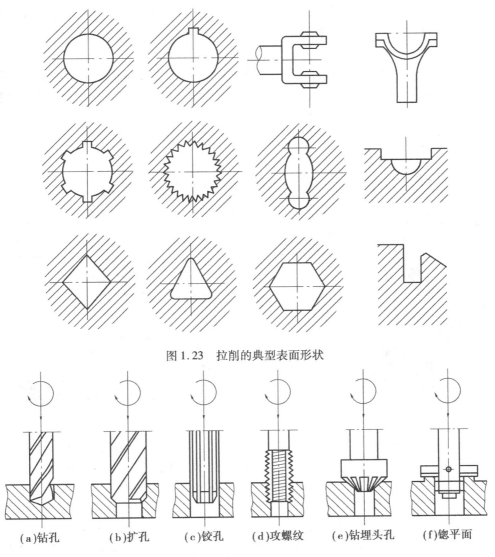

图 1.23　拉削的典型表面形状

（a）钻孔　　（b）扩孔　　（c）铰孔　　（d）攻螺纹　　（e）钻埋头孔　　（f）锪平面

图 1.24　钻床的加工方法

构。进给箱内有进给变速机构及操纵机构。进给箱右侧的手柄用于使主轴升降。加工时，工件直接或通过夹具安装在工作台上，主轴的旋转运动由电动机经变速器传动。加工时，主轴既作旋转的主运动，又作轴向的进给运动。工作台和进给箱可沿立柱上的导轨调整其上下位置，以适应在不同高度的工件的钻削。立式钻床还有其他一些形式，例如有的立式钻床变速器和进给箱合为一个箱，有的立式钻床立柱截面是圆的。

立式钻床上用移动工件的办法使加工孔的中心与主轴的中心对中，故操作不便，生产率不高，常用于单件、小批生产中加工中、小型工件。

2）摇臂钻床

摇臂钻床是一种摇臂可绕立柱回转和升降，主轴箱又可在摇臂上作水平移动的钻床。图1.26 为摇臂钻床外形图。工件固定在底座 1 的工作台 8 上，主轴 7 的旋转和轴向进给运动是由电动机通过主轴箱 6 来实现的。主轴箱可在摇臂 5 的导轨上移动，摇臂通过电动机及丝杠

4 的传动,可沿外立柱 3 上下移动,外立柱 3 可绕内立柱 2 在 ±180°范围内回转。由此主轴可方便地调整到加工位置,适于单件、小批量生产中加工大而重的工件上的孔。

3)其他钻床

台式钻床是一种主轴垂直布置的小型钻床,钻孔直径在 ∅15 mm 以下。由于加工孔径较小,台钻主轴的转速可以很高。台钻小巧灵活,使用方便,但一般自动化程度较低,适用于单件、小批生产中加工小型零件上的各种孔。

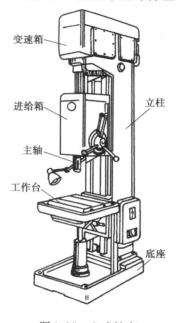

图 1.25　立式钻床

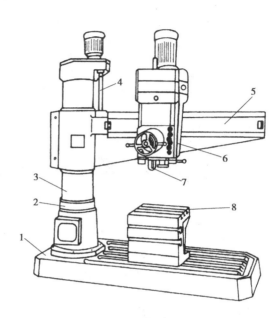

图 1.26　摇臂钻床

1—底座;2—内立柱;3—外立柱;4—丝杠;5—摇臂;
6—主电机;7—主轴;8—工作台

深孔钻床是用特制的深孔钻头专门加工深孔的钻床,如加工炮筒、枪管和机床主轴等零件中的深孔。为减少中心线的偏斜,通常是由工件转动作为主运动,钻头只作直线进给运动。为避免机床过高和便于排屑,深孔钻床一般采用卧式布局。为保证获得良好的冷却效果,在深孔钻床上配有周期退刀排屑装置及切削液输送装置,使切削液由刀具内部输送到切削部位。

(2)镗床

镗床的主要工作是用镗刀进行镗孔。此外,还可进行钻孔、铣平面和车削等工作。镗床主要分为卧式镗床、坐标镗床以及金刚镗床等。

1)卧式镗床

卧式镗床的工艺范围十分广泛,除镗孔外,还可钻孔、扩孔和铰孔;可铣削平面、成形面及各种沟槽,还可在平旋盘上安装车刀车削平面、短圆柱面、内外环形槽及内外螺纹等,如图1.27所示。因此,零件可在一次安装中完成大量的加工工序。卧式镗床特别适合加工形状复杂和位置要求严格的孔系,因此常用来加工尺寸较大、形状复杂、具有孔系的箱体、机架、床身等零件。

卧式镗床的外形如图1.28所示。主轴箱1可沿前立柱2的导轨上下移动。主轴箱中装

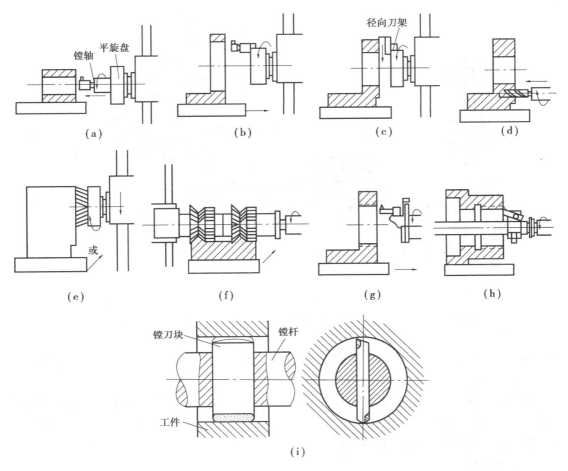

图 1.27　卧式镗床的主要加工方法

有镗轴 3、平旋盘 4 以及主运动和进给运动变速传动机构和操纵机构。主运动为镗杆和平旋盘的旋转运动,进给运动为镗杆的轴向进给运动,平旋盘刀具溜板的径向进给运动,主轴箱的垂直进给运动,工作台纵、横向进给运动。装在后立柱 10 上的后支架 9 用于支承悬伸长度较大的镗杆,以增加刚性。后支架可沿后立柱上的导轨与主轴箱同步升降,以保证支架孔与镗杆在同一轴线上。后立柱可沿床身 8 的导轨移动,以适应镗杆的不同长度。工件安装在工作台 5 上,可与工作台一起随下滑座 7 和上滑座 6 作纵向或横向移动。工作台还可绕上滑座的圆导轨在水平面内转位,以便加工互相成一定角度的平面或孔。使用浮动镗刀块可以进行浮动镗孔加工,浮动镗刀块属于定尺寸刀具,它安装在镗刀杆的方槽中,沿镗刀杆径向可以自由滑动,如图 1.27(i)所示。其加工精度和表面质量都较好,生产效率高。

目前,卧式镗床已在很大程度上被卧式加工中心所取代。

2)坐标镗床

坐标镗床是具有测量坐标位置的精密测量装置的一种高精度机床,其主要零部件的制造精度和装配精度都很高,具有良好的刚性和抗振性。它主要用于镗削精密的孔(IT5 级以上)和位置精度要求很高的孔系(定位精度达 0.002 ~ 0.01 mm),例如,钻模、镗模的精密孔。

坐标镗床的工艺范围很广,除镗孔、钻孔、扩孔、铰孔以及精铣平面和沟槽外,还可进行精密刻线和划线以及进行孔距和直线尺寸的精密测量工作。坐标镗床过去主要用在工具车间

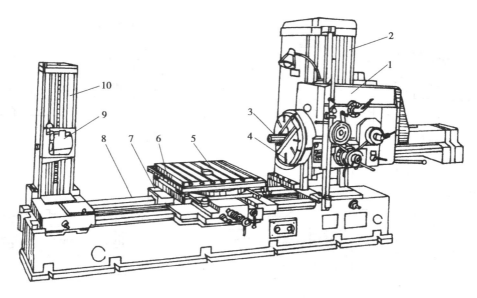

图 1.28 卧式镗床外形图

1—主轴箱;2—立柱;3—镗轴;4—平旋盘;5—工作台;6—上滑座;7—下滑座;
8—床身;9—后支架;10—后立柱

制造钻、镗模,现在应用到生产车间成批地加工精密孔系,如飞机、汽车和机床等行业加工箱体零件的轴承孔。

坐标镗床根据布局和形式的不同可分为立式单柱、立式双柱和卧式等类型。立式坐标镗床适宜加工轴线与安装基面(底面)垂直的孔系和铣削顶面;卧式坐标镗床适宜加工轴线与安装基面平行的孔系和铣削侧面。坐标镗床的主要参数是工作台的宽度。

3)金刚镗床

金刚镗床是一种高速精镗床,因为它曾采用金刚石镗刀而得名,现在已广泛使用硬质合金刀具。这种机床的特点是切削速度很高,而切深和进给量极小,因此可加工出质量很高的表面(表面粗糙度 R_a 一般为 $0.08 \sim 1.25\ \mu m$)和尺寸精度($0.003 \sim 0.005\ mm$)。金刚镗床主要用于成批和大量生产中,常用于加工发动机的汽缸、连杆、活塞等零件上的精密孔。

金刚镗床的种类很多,按布局形式可分为单面、双面和多面;按主轴的位置可分为立式、卧式和倾斜式;按主轴的数量可分为单轴、双轴和多轴等。

1.2.5 磨床

(1)磨床的用途、分类和特点

1)磨床的用途

磨床是用磨料磨具(如砂轮、砂带、油石、研磨料)为刀具进行切削加工的机床。磨削加工是以砂轮的高速旋转作为主运动,与工件的低速旋转和直线移动(或磨头的移动)作为进给运动相配合,切去工件上多余金属层的一种切削加工。它主要用于精加工和硬表面加工,目前也有少数用于粗加工的高效磨床。在一般磨削加工中,加工精度可达 IT5 ~ IT7 级,表面粗糙度 R_a 为 $0.32 \sim 1.25\ \mu m$;在超精磨削和镜面磨削中,R_a 可分别达到 $0.04 \sim 0.08$ 和 $0.01\ \mu m$。磨削加工还适合淬硬钢和高硬度的特殊金属材料和非金属材料。

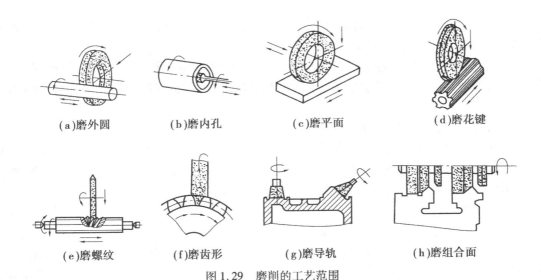

| (a)磨外圆 | (b)磨内孔 | (c)磨平面 | (d)磨花键 |

| (e)磨螺纹 | (f)磨齿形 | (g)磨导轨 | (h)磨组合面 |

图 1.29　磨削的工艺范围

磨削加工的应用范围广泛,可以加工内外圆柱面、内外圆锥面、平面、成形面和组合面等,如图 1.29 所示,还可加工用其他切削方法难以加工的材料,如淬硬钢、高强度合金、硬质合金和陶瓷等材料。

砂轮是一种特殊工具,每颗磨粒相当于一个刀齿,整块砂轮就相当于一把刀齿极多的铣刀,其磨粒的分布状况如图 1.30 所示。磨削时,凸出的且具有尖锐棱角的磨粒从工件表面切下细微的切屑;磨钝了或不太凸出的磨粒只能在工件表面上划出细小的沟纹;比较凹下的磨粒则与工件表面产生滑动摩擦,后两种磨粒在磨削时产生微尘。因此,磨削加工和一般切削加工不同,除具有切削作用外,还具有刻画和磨光作用。

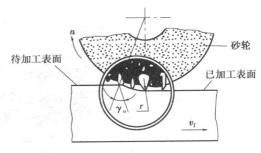

图 1.30　磨粒放大示意图

2)磨床的分类

磨床的种类很多,主要类型有外圆磨床、内圆磨床、平面磨床、工具磨床、刀具刃具磨床和专门化磨床,如曲轴磨床、凸轮轴磨床及导轨磨床等,还有珩磨机、研磨机和超精加工机床等其他磨床。

3)磨削加工的工艺特点

①切削刃不规则。切削刃的形状、大小和分布均处于不规则的随机状态,通常切削时有很大的负前角和小后角。

②加工余量小、加工精度高。磨削加工精度为 IT7~IT5,表面粗糙度 R_a 为 0.8~0.2 μm。采用高精度磨削方法,R_a 可达 0.1~0.006 μm。

③磨削速度高。一般磨削速度为 35 m/s 左右,高速磨削时可达 60 m/s。目前,磨削速度已发展到 120 m/s。但磨削过程中,砂轮对工件有强烈的挤压和摩擦作用,产生大量的切削热,在磨削区域瞬时温度可达 1 000 ℃左右。在生产实践中,降低磨削时切削温度的措施是必须加注大量的切削液,减小背吃刀量,适当减小砂轮转速及提高工件转速。

④适应性强。对于工件材料而言,不论软硬材料均能磨削;对于工件表面而言,很多表面都能加工;另外,还能对各种复杂的刀具进行刃磨。

⑤砂轮具有自锐性。在磨削过程中,砂轮的磨粒逐渐变钝,作用在磨粒上的切削抗力就会增大,致使磨钝的磨粒破碎并脱落,露出锋利刃口继续切削,它能使砂轮保持良好的切削性能。

(2)M1432A 型万能外圆磨床

M1432A 是经过第一次改造的最大磨削直径为 $\not\subset 320$ mm 的万能外圆磨床,主要用于磨削圆柱形或圆锥形的内外圆表面,还可以磨削阶梯轴的轴肩和端面。该机床的工艺范围较广,但磨削效率不高,适用于单件小批生产,常用于工具车间和机修车间。

1)机床的布局

M1432A 型万能外圆磨床的外形如图 1.31 所示。外圆磨削直径为 $\not\subset 8 \sim \not\subset 320$ rnm,最大外圆磨削长度有 1 000、1 500、2 000 mm 三种规格;内孔磨削直径为 $\not\subset 13 \sim \not\subset 100$ mm,最大内孔磨削长度为 125 mm;外圆砂轮转速为 1 670 r/min;内圆砂轮转速有 10 000、15 000 r/min 两种。

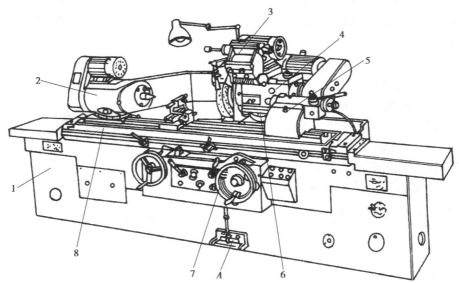

图 1.31　M1432A 型万能外圆磨床的外形

1—床身;2—头架;3—内圆磨具;4—砂轮架;5—尾座;6—滑鞍;7—手轮;8—工作台

①床身 1。床身结构为封闭箱体,刚性好,支承磨床各部件,在其上有纵向导轨和横向导轨,分别作为工作台和砂轮架的移动导向。床身内部装有液压传动装置和纵、横向进给机构。

②头架 2。用于安装及夹持工件,并带动工件旋转。在水平面内可逆时针转动 90°。

③内圆磨具 3。用于支承磨内孔的砂轮主轴。内圆磨具主轴由单独的电动机驱动。

④砂轮架 4。用于支承并传动高速旋转的砂轮主轴。砂轮架装在滑鞍 6 上,可在水平面内调整 ±30°,用于磨削短圆锥面。

⑤尾座 5。尾座和头架的前顶尖一起支承工件。

⑥工作台 8 由上、下两层组成,上工作台的上面装有头架和尾架,用于支承工件。上工作台的顶面向砂轮架方向向下倾斜 10°,使头架、尾架能因自重而紧贴工作台外侧的定位基准面,倾斜的顶面还有利于切削液带走切屑。上工作台可相对于下工作台在水平面内偏转

±10°,用于磨削锥度较小的长锥面。

另外还有滑鞍、横向进给机构 6 和横向进给手轮等部件。

2)机床的运动、磨削方式、主要结构

①机床的运动。如图 1.32 为磨床上几种典型的加工示意图。机床应具有的运动为:磨外圆砂轮的旋转主运动;磨内孔砂轮的旋转主运动;工件的旋转作圆周进给运动;工件往复纵向进给运动;砂轮横向进给运动。机床的辅助运动为:砂轮架横向快进快退,尾座套筒的伸缩运动等。

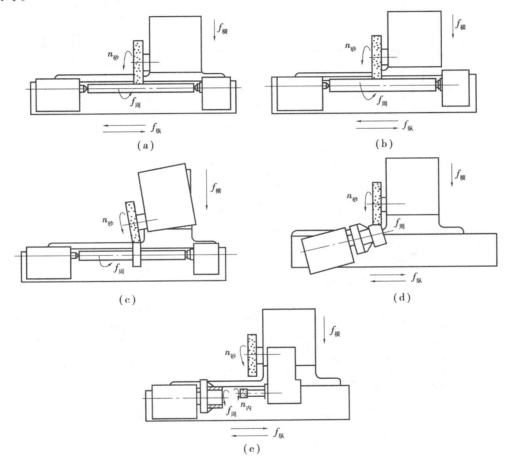

图 1.32　M1432A 型万能外圆磨床典型加工示意图

②磨削方式。常用纵向磨削法和切入磨削法。

a.纵向磨削法如图 1.32(a)、(b)、(d)、(e)所示,是使工作台作纵向往复运动磨削的方法。此方法共需四个运动:砂轮的旋转主运动 $n_{砂}$ 或 $n_{内}$;工件的旋转圆周进给运动 $f_{周}$;工件往复纵向进给运动 $f_{纵}$;砂轮架横向间歇进给运动 $f_{横}$。

b.切入磨削法如图 1.32(c)所示,是用宽砂轮进行横向切入磨削的方法。此方法共需三个运动:磨外圆砂轮的旋转主运动 $n_{砂}$;工件的旋转圆周进给运动 $f_{周}$;砂轮架横向连续进给运动 $f_{横}$。

③机床的主要结构。

砂轮架由壳体、砂轮主轴及其轴承、传动装置与滑鞍等组成,如图 1.33 所示。砂轮主轴及其支承部分的结构将直接影响工件的加工精度和表面粗糙度,它应保证砂轮主轴具有较高的旋转精度、刚度、抗振性及耐磨性。

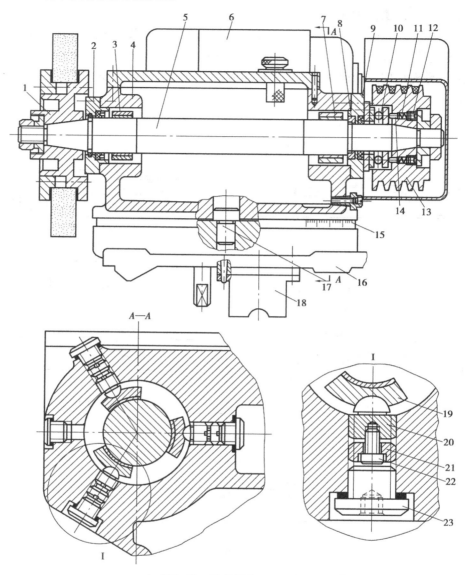

图 1.33　砂轮架(M1432A)

1—压盘;2,9—轴承盖;3,7—动压滑动轴承;4—壳体;5—砂轮主轴;6—主电动机;
8—止推环;10—推力球轴承;11—弹簧;12—调节螺钉;13—带轮;14—销子;
15—刻度盘;16—滑鞍;17—定位轴销;18—半螺母;19—扇形轴瓦;20—球头螺钉;
21—螺套;22—锁紧螺钉;23—封口螺钉

　　砂轮主轴 5 两端以锥体定位,前端通过压盘 1 安装砂轮,后端通过锥体安装带轮 13。主轴的前、后支承均采用"短三瓦"动压滑动轴承,每个轴承由均布在圆周上的三块扇形轴瓦 19 组成。每块轴瓦都支承在球头螺钉 20 的球形端头上,由于球头中心在周向偏离轴瓦对称中心,当主轴高速旋转时,在轴瓦与主轴颈之间形成三个楔形缝隙,于是在三块轴瓦处形成三个压力油楔。砂轮主轴在三个压力油楔的作用下,悬浮在轴承中心而呈纯液体摩擦状态。调整球头螺钉的位置,即可调整主轴轴颈与轴瓦之间的间隙,通常间隙应保持为 0.01 ~ 0.02 mm。调整好以后,用螺套 21 和锁紧螺钉 22 锁紧,最后用封口螺钉 23 密封。砂轮主轴 5 由止推环 8 和推力球轴承 10 作轴向定位,并承受左右两个方向的轴向力。推力球轴承的间隙由装在带轮内的六根弹簧 11 通过销子 14 自动消除。

砂轮工作时的圆周速度很高(一般为 35 m/s),为了保证砂轮运转平稳,采用带传动直接传动砂轮主轴,装在主轴上的零件都要校静平衡,整个主轴部件还要校动平衡。

砂轮架壳体 4 内装润滑油(通常用 2 号主轴油并经严格过滤)以润滑主轴轴承,油面高度可通过油标观察。主轴两端采用橡胶油封密封。砂轮架壳体用 T 形螺钉紧固在滑鞍 16 上,它可绕滑鞍上的定位轴销 17 回转一定角度,以磨削锥度大的短锥体。

1.2.6 齿轮加工机床

齿轮加工机床是用来加工各种齿轮轮齿的机床。由于齿轮传动具有传动比准确、传力大、效率高、结构紧凑、可靠耐用等优点,因此,齿轮传动的应用极为广泛,齿轮的需求量也日益增加。随着科学技术的不断发展,齿轮加工机床已成为机械制造业中一种重要的技术装备。

齿轮加工机床按照被加工齿轮种类不同,可分为圆柱齿轮加工机床(如滚齿机、插齿机、剃齿机、珩齿机、磨齿机等)和圆锥齿轮加工机床(直锥齿轮刨齿机、铣齿机、磨齿机;弧齿锥齿轮铣齿机、磨齿机等)。

(1)滚齿机

1)滚齿原理

按轮齿加工原理来分有成形法和展成法两类。

①成形法。

成形法加工齿轮所采用的刀具为成形刀具,其刀刃形状与被切齿轮齿槽的截面形状相同。例如在铣床(图 1.34)、刨床或插床上用成形刀具加工齿轮。其优点是机床较简单,缺点是加工齿轮的精度低,生产率较低,只适用于单件小批生产一些低速、低精度的齿轮。

在使用一把成形刀具加工齿轮时,每次只加工一个齿槽,利用分度装置分度后,依次加工其他齿槽,直至全部轮齿加工完毕。加工精度不高是因为加工某一

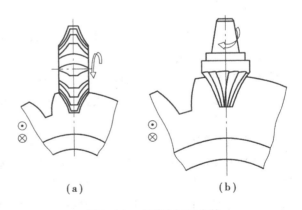

（a） （b）

图 1.34 成形法加工齿轮

模数的齿轮盘铣刀只有一套(一般是 8 把),每把铣刀有规定的铣齿范围(表 1.6),铣刀的齿形曲线是按该范围内最小齿数的齿形制造的,对其他齿数的齿轮,均存在着不同程度的齿形误差,另外,还存在分度装置分齿不均匀的分度误差。

表 1.6 齿轮铣刀的刀号

刀 号	1	2	3	4	5	6	7	8
加工齿数范围	12 ~ 13	14 ~ 16	17 ~ 20	21 ~ 25	26 ~ 34	35 ~ 54	55 ~ 134	135 以上

在大批量生产中,也可采用多齿廓成形刀具来加工齿轮,如用齿轮拉刀、齿轮推刀或多齿刀盘等刀具同时加工出齿轮的各个齿槽。

②展成法。

展成法是利用齿轮的啮合原理进行加工的,即把齿轮啮合副(齿条—齿轮或齿轮—齿轮)中的其一作为刀具,另一个则作为工件,并强制刀具和工件作严格的啮合运动而展成切出齿廓。

滚齿原理是把一对啮合螺旋齿轮(图1.35(a)的其一做成齿数极少,分度圆上的螺旋升角也很小的蜗杆形状(图1.35(b)),再将蜗杆开槽并铲背、淬火、刃磨,便成为齿轮滚刀(图1.35(c))。一般蜗杆的法向截面形状近似齿条形状(图1.36(a)),因此,当齿轮滚刀与被切齿轮啮合运动时,便在轮坯上逐渐切出渐开线的齿形。齿形的形成是由滚刀在连续旋转中依次对轮坯切削的数条刀刃线包络而成。

用展成法加工齿轮,可以用同一把刀具加工同一模数不同齿数的齿轮,且加工精度和生产率也较高,因此,各种齿轮加工机床广泛应用这种加工方法,如滚齿机、插齿机、剃齿机、多数磨齿机及锥齿轮加工机床。

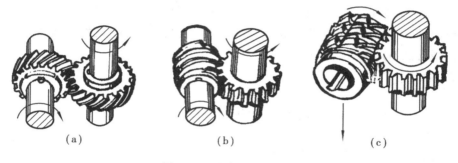

图1.35　展成法滚齿原理

2)Y3150E 型滚齿机

该型滚齿机主要用于加工直齿、斜齿圆柱齿轮和蜗轮,也可用于加工花键轴及链轮。机床的主要技术参数为:加工齿轮最大直径500 mm,最大宽度250 mm,最大模数8 mm,最小齿数为滚刀头数的5倍。

①主要组成部件。

如图1.36所示,机床由床身1、立柱2、刀架溜板3、滚刀架5、后立柱8和工作台9等主要部件组成。立柱2固定在床身上,刀架溜板3带动滚刀架可沿立柱导轨作垂向进给运动或快速移动。滚刀安装在刀杆4上,由滚刀架5的主轴带动作旋转主运动。滚刀架可绕自己的水平轴线转动,以调整滚刀的安装角度。工件安装在工作台9的心轴7上或直接安装在工作台上,随同工作台一起作旋转运动。工作台和后立柱装在同一溜板上,可沿床身的水平导轨移动,以调整工件的径向位置或作手动径向进给运动。后立柱上的支架6可通过轴套或顶尖支承工件心轴的上端,以提高滚切工作的平稳性。

(2)插齿机

插齿机主要用于加工单联及多联的内、外直齿圆柱齿轮 。

1)插齿工作原理及所需运动

插齿机是按展成法原理来加工齿轮的。将一个齿轮端面磨有前角,齿顶及齿侧均磨有后

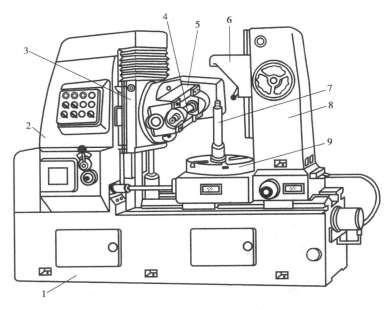

图 1.36　Y3150E 型滚齿机外形图

1—床身;2—立柱;3—刀架溜板;4—刀杆;5—滚刀架;6—支架;

7—工件心轴;8—后立柱;9—工作台

角的插齿刀(图 1.37(a))沿其轴线作直线往复运动和工件轮坯作"无间隙啮合运动"过程中,在轮坯上渐渐切出齿廓。齿廓曲线是在插齿刀刀刃多次相继的切削中,由刀刃各瞬时位置的包络线所形成的(图 1.37(b))。加工直齿圆柱齿轮时,插齿机应具有如下运动(图 1.37):

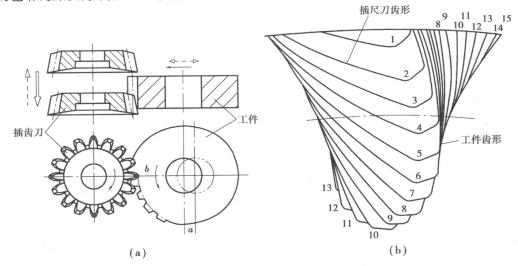

图 1.37　插齿原理

①主运动:是指插齿刀沿其轴线(即沿工件的轴向)所作的直线往复运动(双行程/min)。

②展成运动:在插齿刀转过一个齿时,工件也转过一个齿,工件与插齿刀所作的啮合旋转运动即为展成运动。

③圆周进给运动:是指插齿刀绕自身轴线的旋转运动(mm/双行程)。

④径向切入运动:插齿时工件应逐渐地向插齿刀作径向切入(mm/双行程)。

⑤让刀运动:插齿刀向上空行程运动时,为了避免擦伤工件齿面和减少刀具磨损,刀具和工件间应让开一般为 0.5 mm 的距离,而在插齿刀向下开始工作行程之前,又迅速恢复到原位。插齿机的让刀运动多由刀具主轴摆动得到。

2)Y5132 型插齿机

如图 1.38 所示为 Y5132 型插齿机外形。它由床身 1、立柱 2、刀架 3、插齿刀主轴 4、工作台 5、工作台溜板 7 等部件组成。Y5132 型插齿机加工外齿轮最大分度圆直径为 320 mm,最大加工齿轮宽度为 80 mm;加工内齿轮最大外径为 500 mm,最大宽度为 50 mm。

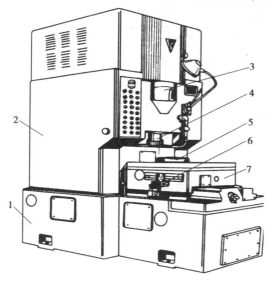

图 1.38　Y5132 型插齿机外形图

1—床身;2—立柱;3—刀架;4—主轴;
5—工作台;6—挡块支架;7—工作台溜板

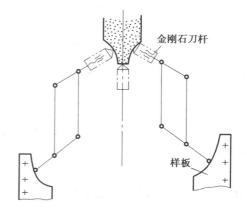

图 1.39　成形砂轮磨齿机砂轮修正原理

(3)磨齿机

磨齿机主要用于对淬硬的齿轮进行齿廓的精加工。磨齿后,齿轮的精度可达 6 级以上。磨齿也有成形法和展成法两种,但大多数的磨齿机均以展成法来加工齿轮。

1)成形砂轮磨齿机

砂轮的截面形状修整成与工件齿间的齿廓形状相同,如图 1.39 所示。修整时采用放大若干倍的样板,通过四杆缩放机构来控制金刚石刀杆的运动。机床的加工精度主要取决于砂轮的形状和分度精度。其构造较简单,生产率较高,一般用于成批生产中对磨削精度要求不太高的齿轮以及用展成法难以磨削的内齿轮。

2)蜗杆砂轮磨齿机

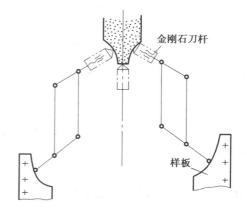

图 1.40　蜗杆砂轮磨齿机工作原理

它是用连续分度展成法工作的磨齿机,其工作原理和滚齿机相同,但轴向进给运动一般由工件完成,如图 1.40 所示。由于是连续磨削,所以其生产率很高,但砂轮修整困难,不易达到高的精度,它适用于中小模数齿轮的成批和大量生产。

学习工作单

工 作 单	常用机械加工机床的基础知识种类、构造及附件、工艺范围、加工特点		
任　务	理解常用机床的种类、构造及附件、工艺范围、加工特点和加工方法;掌握车床的传动;会操作常用机床		
班　级		姓　名	
学习小组		工作时间	16 学时

[知识认知]

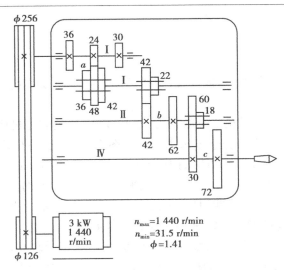

1. 理解车床的种类、构造及附件、工艺范围、加工特点和加工方法。

2. 掌握车床的传动及调整计算(列写上图主轴传动表达式;计算主轴转速级数;计算主轴最高、低转速大小)。

3. 分组讨论常用机床(铣床、刨床、插床、拉床、钻床、镗床、磨床、齿轮加工机床)的种类、构造及附件。

4. 操作常用车床。

5. 参观认识或操作铣床、刨床、钻床、磨床、齿轮加工机床。

任务学习其他说明或建议:

指导老师评语:

任务完成人签字:

日期:　年　　月　　日

指导老师签字:

日期:　年　　月　　日

任务 1.3 数控机床

任务要求

1. 认识数控机床及加工中心的种类、结构及附件。
2. 了解数控机床及加工中心的工艺范围、加工特点。

任务实施

1.3.1 数控机床

数控机床是为了解决单件、小批量、精度高、复杂型面零件加工的自动化要求而产生的。

(1)数控车床

数控车床特别适合加工形状复杂的轴类、盘类零件,它是数控机床中产量最大的品种之一。其总体布局和结构形式与普通车床类似。如图 1.41 所示是 CK3263B 型数控车床的外形,其布局具有代表性,机床在全封闭防护罩的保护下自动工作。底座 1 上装有后斜床身 5,倾斜式导轨 6 与平面成 75°夹角,刀架 4 装在主轴的右上方,刀架的位置决定了主轴的旋向与卧式车床相反。数控车床集中了粗、精加工工序,切削量多,切削力大。倾斜式床身有利于排屑,箱式结构能提高床身的刚度。镶钢导轨 6 具有较好的耐磨性。主轴箱位于床身的左部。床身中部为刀架溜板,分上、下两层,底层为纵溜板,可沿床身导轨 6 作纵向移动;上层为横向溜板,可沿纵向溜板作横向移动(沿床身倾斜方向)。刀架溜板上装有转塔刀架 3,刀架有 8 个工位,可装 12 把刀具。转塔刀架在加工过程中可按加工程序自动转位。

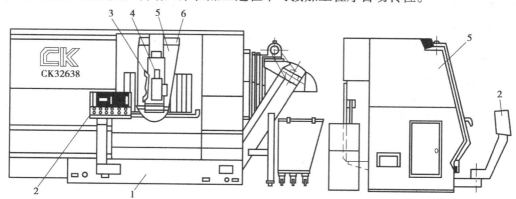

图 1.41 CK3263B 型数控车床的外形

1—底座;2—操作台;3—转塔刀架;4—刀架;5—后斜床身;6—倾斜式导轨

图 1.42 是该机床的传动系统图。主电动机 M_1 是直流电动机,也可用交流变频调速电机。主电动机经带传动和两个双联滑移齿轮变速机构驱动主轴。在切削端面和阶梯轴时,希望主轴转速随着切削直径的变化而变化,以维持切削速度不变。这时切削不能中断,滑移齿轮不能移动,可以在任意一段速度内由电动机实现无级变速。

数控车床切削螺纹时,主轴和刀架之间为内联系传动链。主轴经一对齿数相同$(z=79)$的齿轮驱动主轴脉冲发生器 G,脉冲发生器发出两组脉冲,一组脉冲为每转 1 024 个脉冲,一组脉冲为每转 1 个脉冲。第一组脉冲(1 024 个)经过数控系统根据加工程序处理后,按进给量要求输出一定数量的脉冲,再由伺服机构,即伺服电动机 M_2 驱动滚珠丝杠 V 实现纵向进给(Z 轴进给),或经 M_3、联轴器 6、滚珠丝杠 Ⅵ,实现横向进给(X 轴进给)。这样可以进行各种螺距的螺纹加工或进行进给量(mm/r)的车削。如果将脉冲同时给纵向和横向伺服电动机,使 X 轴和 Z 轴同时进给,脉冲频率又可按加工程序变化,则可加工任意回转曲面。

螺纹往往需要多次车削,一次切完后刀架退回原处,下一刀必须在上次的起点处开始才不会乱扣。为此,脉冲发生器还发出另一组脉冲,每转一个脉冲,显示工件旋转的位置,以免乱扣。工位转塔刀架由液压马达 Y,通过联轴器 5 驱动凸轮轴 Ⅶ,轴上装有凸轮 7。凸轮转动时,拨动回转轮 3 上的柱销 4,使回转轮 3、轴 Ⅷ 和转塔 2 旋转。转塔转动的角度是按照零件加工程序的要求,由微机发出指令控制的。

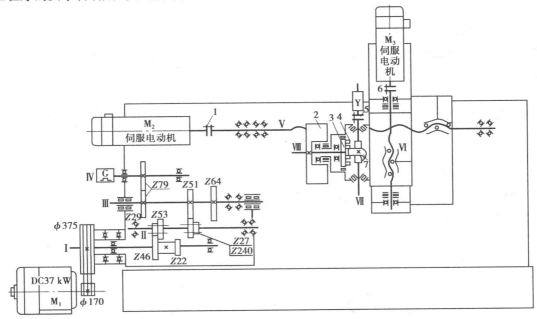

图 1.42　CK3263B 传动系统

1,5,6—联轴器;2—转塔;3—回转轮;4—销柱;7—凸轮

(2)数控铣床

数控铣床是一种用途广泛的机床,分为立式和卧式两种。它多为三坐标、两轴联动的机床。一般数控铣床用来加工平面曲线轮廓,也可进行钻、扩、铰、锪、镗及攻螺纹等加工。对于有特殊要求的数控铣床,可增加一个数控分度头锪数控回转工作台,用来加工螺旋槽、叶片等立体曲面零件。

XK5032 型立式升降台数控铣床可完成铣削、镗削、钻削及攻丝等功能的自动工作循环,特别适合用于加工各种形状复杂的凸轮、样板、模具等零件,其加工精度高,适应性强。

它主要由床身立柱 6、控制系统、主轴箱 5、工作台 3、升降台 2、液压部分、气动部分及电气部分组成,如图 1.43 所示。主轴部件由控制系统控制,可沿床身立柱 6 作垂直方向的运动,摇动手柄 1 可使升降台 2 带着工作台 3 作垂直方向的运动,工作台由系统控制可实现纵向和横向的运动。

XK5032立式升降台数控铣床可实现三轴三联动控制,并可附加第四控制轴。机床工作台、床鞍及主轴套筒进给均采用宽调速交流伺服电动机,经过一对同步带轮副及滚珠丝杠螺母副驱动,提高了进给系统的刚性和定位精度。伺服电动机内装有脉冲编码器,位置及速度反馈信息均由此取得,构成半闭环控制系统。

机床主要操作均在键盘和按钮面板上。显示器用来显示输入程序内容、机床位置和已存储的各种信息。如果配有图形显示选择功能,则可模拟显示刀具中心运动轨迹,用于检验编制程序是否正确。加工程序除用 MDI 方式由键盘输入外,也可利用计算机及外部设备经 RS-232C 通信串行接口输入。

机床主轴变速采用交流变频调速,冷却方式为液冷。主轴启动、停止以及主轴转速、进给量等由相应指令给定,有的也可由手动操作执行。

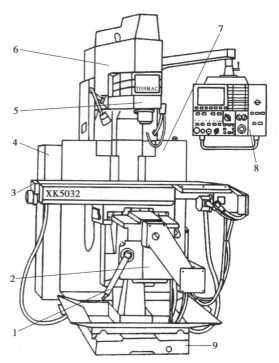

图 1.43 XK5032 立式升降台数控铣床外形图
1—手柄;2—升降台;3—工作台;4,7—控制箱;
5—主轴箱;6—床身立柱;8—操作面板;9—床身底座

(3)数控外圆磨床

MKl320A 型数控外圆磨床适用于磨削外圆柱面、圆锥面、端面和台阶轴等,该机床广泛用于工具、机修车间及中小批量生产的生产车间中。

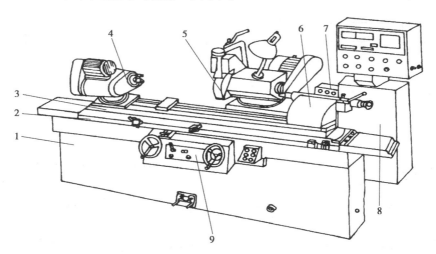

图 1.44 MKl320A 型数控外圆磨床
1—床身;2—下工作台;3—上工作台;4—头架;5—轮架主轴;6—尾座;
7—控制箱;8—检测箱;9—操作台

如图 1.44 所示,MKl320A 型数控外圆磨床主要由床身、上工作台、下工作台、头架、砂轮架主轴、尾座、控制箱、检测箱和操作台等组成,配置 FANUC-0 数控系统。其中,砂轮架、头架和工作台均可调整;砂轮横向进给由伺服电动机通过滚珠丝杠螺母副直接拖动,系统分辨率为 0.001 mm,并带有砂轮自动修正、补偿、砂轮过载保护和卡盘禁区保护等功能;床身与工作台面间导轨为贴塑导轨,摩擦系数小。

机床还装有端面测量仪和外圆测量仪。端面测量仪可测定工件轴向位置,并将测定值输入数控系统。系统自动进行数据处理后发出信号,使工作台纵向进给伺服电动机转动,通过带动滚珠丝杠螺母副带动工作台到达给定位置。外圆测量仪的两根测量杆一直卡在工件的被检测轴颈上,在加工中一边磨削一边检测磨削余量的大小,发出粗、精磨削和光整磨削的信号,通过数控系统及伺服电动机实现砂轮架横向进给的快、慢、停和退等动作,使磨削工件的尺寸稳定地达到要求。

1.3.2 加工中心

(1)加工中心的特点

加工中心是目前世界上产量最高、应用最广泛的数控机床之一。一般它将铣、镗、钻、铰、攻螺纹等功能集中在一台机床上,使其具有多种工艺手段,主要特点有:

①在数控镗床或数控铣床的基础上增加自动换刀装置,使工件在一次装夹后,可以连续完成对工件表面多工序的加工,工序高度集中。

②一般带有自动分度回转工作台或主轴箱,可自动转角度,从而使工件一次装夹后自动完成多个平面或多个角度位置的多工序加工。

③加工中心能自动改变机床主轴转速、进给量和刀具相对工件的运动轨迹及其他辅助机能。

④加工中心如果带有交换工作台,工件在工作位置的工作台进行加工的同时,另外的工件在装卸位置的工作台上进行装卸,不影响正常的加工工件。

由于加工中心具有上述功能,可以大大减少工件装夹、测量和机床的高速调整时间,减少工件的周转、搬运和存放时间,使机床的切削时间利用率高于普通机床 3~4 倍,大大提高了生产率,尤其是在加工形状比较复杂、精度要求较高、品种更换频繁的工件时,更具有良好的经济性。

加工中心一般是在镗、铣床的基础上发展起来的,可称为镗铣加工中心,习惯上简称为加工中心。

(2)加工中心的分类及应用范围

1)加工中心的分类

①按机床形态分类。

a.卧式加工中心:指主轴轴线为水平状态设置的加工中心,如图 1.45 所示,通常都带有可进行分度回转运动的分度工作台。卧式加工中心一般具有 3~5 个运动坐标,常见的是三个直线运动坐标(沿 X、Y、Z 轴方向)加一个回转运动坐标(回转工作台),它能够使工件在一次装夹后完成除安装面和顶面外其余四面的加工,最适合箱体类工件的加工。卧式加工中心有多种形式,如固定立柱式或固定工作台式。与立式加工中心相比较,卧式加工中心的结构复杂,占地面积大,质量大,价格也较高。

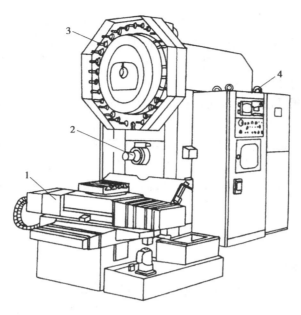

图 1.45　卧式加工中心

1—工作台；2—主轴；3—刀库；4—数控柜

　　b. 立式加工中心：指主轴轴心线为垂直状态设置的加工中心。其结构形式多为固定立柱式，如图 1.46 所示。工作台为长方形，无分度回转功能，适合加工盘类零件。它具有三个直线运动坐标，并可在工作台上安装一个水平轴的数控转台用以加工螺旋线类零件。立式加工中心的结构简单，占地面积小，价格较低。

　　c. 龙门式加工中心：形状与龙门铣床相似，主轴多为垂直设置，带有自动换刀装置，带有可更换的主轴头附件，数控装置的软件功能也较齐全，能够一机多用，尤其适用于大型或形状复杂的零件加工。

　　d. 万能加工中心：某些加工中心具有立式和卧式加工中心的功能，工件一次装夹后能完成除安装面外的所有侧面和顶面等 5 个面的加工，也叫 5 面加工中心。常见的万能加工中心有两种形式：一种是主轴可以旋转 90°；另一种是主轴不改变方向，而工作台可以带着工件旋转完成对工件 5 个表面的加工。

　　②按换刀形式分类。

　　a. 带机械手的加工中心。加工中心的换刀装置（ATC）是由刀库和机械手组成，换刀机械手完成换刀工作，这是加工中心常采用的形式。

　　b. 无机械手的加工中心。这种加工中心的换刀是通过刀库和主轴箱配合动作来完成。一般是采用把刀库放在主轴箱可以运动到的位置，或整个刀库或某一刀位能移动到主轴箱可以达到的位置，刀库中刀具的存放位置与主轴装刀方向一致，换刀时，主轴运动到刀位上的换刀位置，由主轴直接取走或放回刀具。

　　c. 转塔刀库式加工中心。一般在小型加工中心上采用转塔刀库形式，主要以孔加工为主，如 ZH5120 型立式钻削加工中心。

　　③按数控系统功能分类。

　　加工中心根据数控系统控制功能的不同可分为三轴联动、四轴三联动、五轴联动等类型，

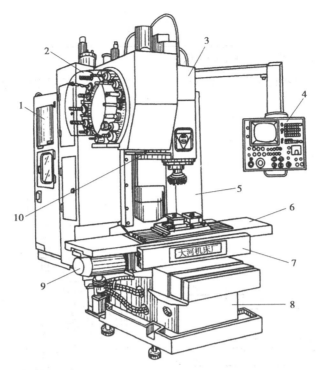

图 1.46　立式加工中心

1—数控柜;2—刀库;3—主轴箱;4—操纵板;5—立柱;6—纵拖板;
7—横拖板;8—底座;9—伺服电动机;10—防护板

同时可控轴数越多,加工中心的加工和适应能力越强。一般的加工中心为三轴联动,三轴以上的为高档加工中心,价格昂贵。

2)加工中心的应用范围

①加工中心的加工对象。

加工中心适宜于加工复杂、工序多、要求较高、需用多种类型的普通机床和众多刀具夹具,且经多次装夹和调整才能完成加工的零件,如箱体类零件、复杂曲面、异形件、盘、套、板类零件等。

②不适宜加工中心加工的对象:

a.形状过于简单,使用加工中心并不能显著缩短工时、提高生产率的零件;

b.简单平面的铣削,特别是大平面的铣削,加工中刀具单一,不能发挥自动换刀(ATC)优势的零件;

c.批量很大的零件,因为大批量的专业化生产选择专用机床、流水生产设备或组合机床更经济合理。

各种铣削、钻削、镗削、铰削、攻螺纹等加工及粗、精加工均可在加工中心上完成,但是加工中心的台时费用高,在考虑工序负荷时,不仅要考虑机床加工的可能性,还要考虑加工的经济性。这要视企业拥有的数控设备类型、功能及加工能力,具体分析决定。

学习工作单

工 作 单	数控机床及加工中心的认识		
任　　务	理解数控机床及加工中心的工艺范围、加工特点。会操作数控机床		
班　　级		姓　　名	
学习小组		工作时间	2 学时

[知识认知]

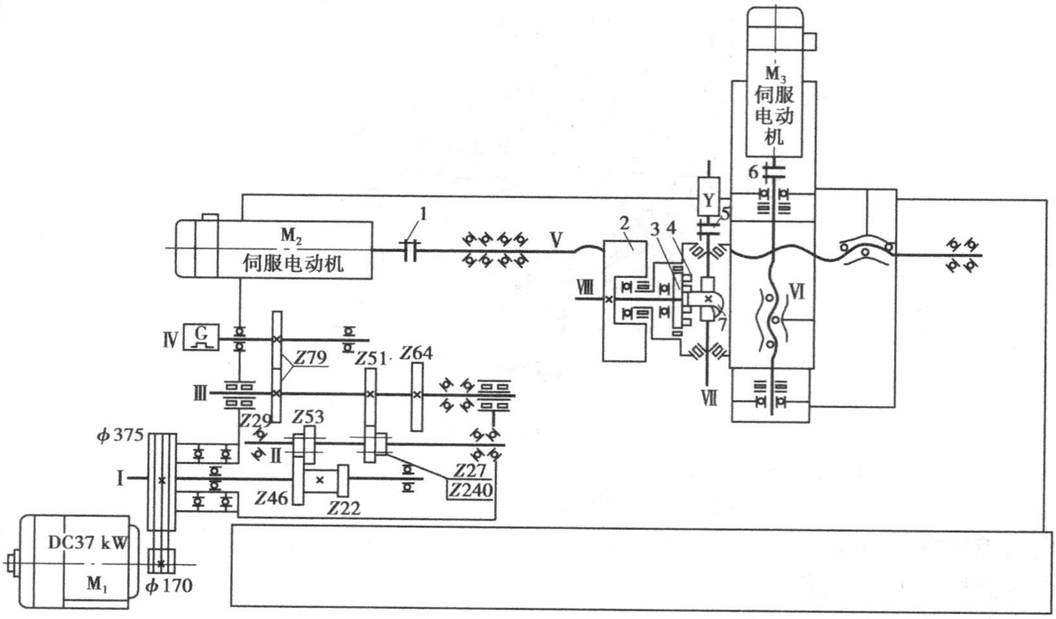

1. 理解数控机床的种类、构造及附件、工艺范围、加工特点和加工方法。

2. 理解数控车床的传动，比较数控车床与普通车床传动各自特点。

3. 操作数控车床。

任务学习其他说明或建议：

指导老师评语：

任务完成人签字：

日期：　　年　　月　　日

指导老师签字：

日期：　　年　　月　　日

实践与训练

一、填空题

1. 在分级变速传动系统中,前一个变速组中处于从动轮,后一个变速组中处于主动轮的齿轮,称为_____。

2. 主轴旋转精度是指主轴回转轴线的漂移、主轴前端工夹具定位面的径向跳动和主轴轴肩支承面的_____。

3. 普通滑动导轨常采用_____和_____调整间隙。

4. 模数制螺纹的螺距参数用_____表示,其螺距为_____毫米。

5. 已知某机床使用双速电动机驱动时 $\psi_{电}=2$,$Z=8$,当公比 $\phi=1.41$ 时,最合理的结构式是_____。

6. CA6140 型普通车床的主参数是_____。

7. 采用卸荷式皮带轮,其作用是将皮带的_____卸除到箱体,而将_____传递给皮带轮轴。

8. 组合机床是_____部件和_____部件组成。

9. 机床主轴能够传递全功率的最低转速称为_____。

10. _____坐标镗床适合于加工高度尺寸小于横向尺寸的工件,_____坐标镗床适合于加工高度方向尺寸不受限制的工件。

二、选择题

1. 下列机床中属于专门化机床的是:(　　　)。

 A. 卧式车床　　　　B. 凸轮轴车床　　　　C. 万能外圆磨床　　　　D. 摇臂钻床

2. 下列各表面不属于可逆表面的是:(　　　)。

 A. 圆柱面　　　　B. 平面　　　　C. 螺旋面　　　　D. 直齿圆柱齿轮

3. 下列不属于机床在加工过程中完成的辅助运动的是(　　　)。

 A. 切入运动　　　　B. 分度运动　　　　C. 调位运动　　　　D. 成形运动

4. 下列不属于机床执行件的是(　　　)。

 A. 主轴　　　　B. 刀架　　　　C. 步进电机　　　　D. 工作台

5. 下列对 CM7132 描述正确的是(　　　)。

 A. 卧式精密车床,床身最大回转直径为 320 mm

 B. 落底精密车床,床身最大回转直径为 320 mm

 C. 仿形精密车床,床身最大回转直径为 320 mm

 D. 卡盘精密车床,床身最大回转直径为 320 mm

6. 下列描述正确的是(　　　)。

 A. 为实现一个复合运动,必须有多个外联系传动链和多条内联系传动链

 B. 为实现一个复合运动,必须有一个外联系传动链和一条或几条内联系传动链

 C. 为实现一个复合运动,必须有多个外联系传动链和一条内联系传动链

 D. 为实现一个复合运动,只需多个内联系传动链,不需外联系传动链

7. 卧式内拉床主要用途是用于( )。

    A. 加工工件的内部表面　　B. 加工工件的外部表面　　C. 切削工件

8. 外圆磨床中,主运动是( )。

    A. 砂轮的平动　　　　　　B. 工件的转动　　　　　　C. 砂轮的转动

9. 普通车床主参数代号是用( )折算值表示的。

    A. 机床的质量　　　　　　B. 工件的质量　　　　　　C. 加工工件的最大回转直径

10. 当生产类型属于大量生产时,应该选择( )。

    A. 通用机床　　　　　　　B. 专用机床　　　　　　　C. 组合机床

11. 下列各种机床中,主要用来加工内孔的机床有( )。

    A. 钻床　　　　　　　　　B. 铣床　　　　　　　　　C. 拉床

12. 内孔磨削可以在( )上进行。

    A. 平面磨床　　　　　　　B. 普通外圆磨床　　　　　C. 内圆磨床

13. 磨床属于( )加工机床。

    A. 一般　　　　　　　　　B. 粗　　　　　　　　　　C. 精

14. 同插床工作原理相同的是( )。

    A. 镗床　　　　　　　　　B. 铣床　　　　　　　　　C. 刨床

15. 在车削加工细长轴时会出现( )形状误差。

    A. 马鞍形　　　　　　　　B. 鼓形　　　　　　　　　C. 锥形

三、判断题

1. 车削细长轴时容易出现腰鼓形的圆柱度误差。　　　　　　　　　　　( )

2. 在磨床上可以采用端面磨削和圆周磨削。　　　　　　　　　　　　　( )

3. 拉孔的进给运动是靠刀齿齿升量来实现的。　　　　　　　　　　　　( )

4. 钻孔精度可达 IT6 级,属孔的精加工方法。　　　　　　　　　　　　( )

5. 钻孔将穿时进给量应减小,以免工件和钻头损坏。　　　　　　　　　( )

6. 车床上可以加工螺纹,钻孔,圆锥体。　　　　　　　　　　　　　　　( )

7. 在精加工时,切屑排出应尽量向已加工表面方向。　　　　　　　　　( )

8. 磨削加工切削刃不规则,加工质量高。　　　　　　　　　　　　　　　( )

四、综合题

1. C616 卧式车床主运动的传动系统图如图 1.47 所示。

  (1)列写机床的传动路线表达式。

  (2)计算主轴转速级数。

  (3)计算主轴最高、最低转速。

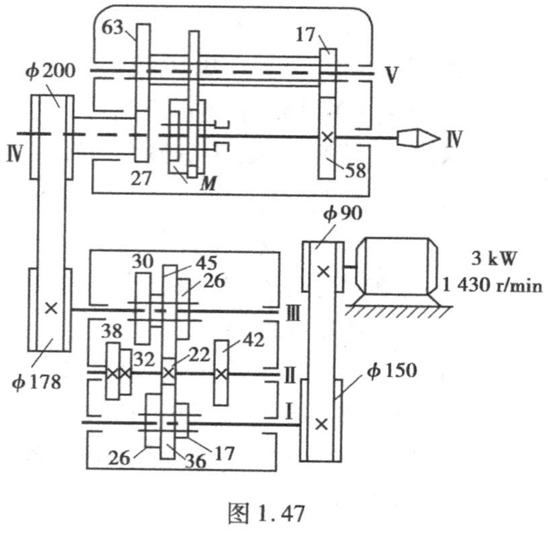

图 1.47

项目 2 机械加工刀具

项目概述

机械加工是指利用切削刀具与工件的相对运动,将工件上多余的金属切除掉,使其形成新表面的一种加工方法。在机械加工过程中产生一系列现象,如切削变形、切削力、切削热与切削温度以及有关刀具的磨损与刀具寿命、卷屑与断屑等。本项目就是对这些现象进行研究,探索和掌握金属切削过程的基本规律,从而主动地加以有效控制,保证加工精度和表面质量,提高切削效率,降低生产成本和劳动强度。

项目内容

机械加工刀具的基本知识,常用机械加工刀具,数控加工常用刀具,刀具刃磨。

项目目标

理解机械加工刀具的基本知识,了解常用金属切削刀具、数控加工常用刀具结构和特点,会刃磨刀具。

任务 2.1 机械加工刀具基础知识

任务要求

1. 理解机械加工刀具的基本知识。
2. 掌握切削用量、刀具角度、刀具材料、刀具切削性能。
3. 熟悉加工过程控制。

任务实施

2.1.1 金属切削加工的基本概念

要完成零件的加工,首先离不开机床和刀具的相对运动,例如车削外圆时需要车床主轴

(工件)的旋转运动和刀具的纵向(轴向)运动;其次,在切削加工前,必须要根据加工阶段的不同,合理确定和计算切削运动参数(切削用量)的大小,以此来保证零件加工精度,提高切削加工效率,降低加工成本。

(1)切削运动

切削运动是指在切削加工中,刀具和工件间必须有一定的相对运动。切削运动可以是旋转运动或直线运动,也可以是连续或间歇的,如图2.1所示。切削运动包括主运动和进给运动。

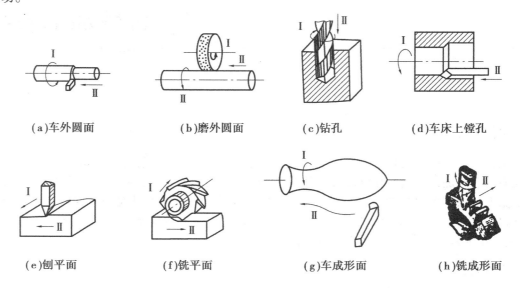

(a)车外圆面　　(b)磨外圆面　　(c)钻孔　　(d)车床上镗孔

(e)刨平面　　(f)铣平面　　(g)车成形面　　(h)铣成形面

图2.1　切削运动的主要形式

Ⅰ—主运动;Ⅱ—进给运动

在切削加工时,直接切除工件上多余金属层,使之变为切屑,以形成工件新表面的运动称为主运动。主运动的速度最高,消耗功率也最大。切削加工中的主运动只有一个,可以由刀具完成,也可以由工件完成,形式通常为旋转运动或直线运动。车削时的主运动是工件的旋转运动。

进给运动是使新的金属层不断投入切削,以便切除工件表面上全部余量的运动。进给运动可由刀具或工件完成,其形式一般是直线、旋转运动或两者的合成运动。它可以是连续的或断续的,消耗功率比主运动要小得多。进给运动可以是一个、两个或多个。车削外圆时的进给运动是刀具的连续纵向直线运动。

(2)切削用量

切削用量是衡量主运动和进给运动大小的参数。它包括切削深度(背吃刀量)a_p、进给量f和切削速度v三个要素。图2.2是车削时的各切削要素。

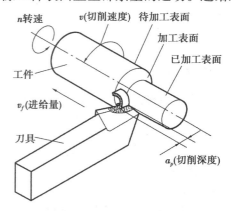

图2.2　车削的切削用量

1)切削深度(背吃刀量)a_p

它是指工件上已加工表面和待加工表面之间的垂直距离,单位为 mm。

$$a_p = \frac{d_w - d_m}{2} \tag{2.1}$$

式中 d_m——已加工表面直径;

d_w——待加工表面直径。

2)进给量 f

这是指工件或刀具每转或每一行程中,工件和刀具在进给运动方向的相对位移量,单位:mm/r。

$$f = \frac{v_f}{n} \tag{2.2}$$

式中 v_f——进给速度,mm/min。

n——主轴转速,r/min。

3)切削速度 v

这是指切削刃上选定点相对于工件的主运动速度及主运动的线速度,单位为 m/min。

$$v = \frac{\pi dn}{1\,000} \tag{2.3}$$

式中 n——主轴转速,r/min;

d——工件待加工表面直径,mm。

(3)切削时的工件表面

在切削加工过程中,工件上的金属层不断地被刀具切除而变成切屑,同时在工件上形成新表面。在此过程中,工件上有三个不断变化着的表面,如图2.2所示。

①待加工表面:工件上即将被切除金属层的表面。

②已加工表面:工件上经刀具切除金属层后产生的新表面。

③过渡表面:主切削刃正在切削着的表面。它是待加工表面和已加工表面之间的过渡表面。

(4)切削层参数

在主运动和进给运动作用下,工件上将有一层多余的材料被切除,这层多余的材料称为切削层。切削层在垂直于主运动方向上的断面称为切削层截面。切削层参数是指切削层截面尺寸,它决定刀具所承受的负荷和切屑的尺寸大小。

现以外圆车削为例来说明切削层参数。如图2.3所示,车削外圆时,工件每转一转,车刀沿工件轴线移动一个进给量 f 的距离,主切削刃及其对应的工件切削表面也连续由位置Ⅰ移至Ⅱ,因而Ⅰ、Ⅱ之间的一层金属被切下;这一切削层的参数通常都在过刀刃选定点并与该点主运动速度方向垂直的平面内,即不考虑进给运动影响的基面内观察和度量的。

1)切削厚度 h_D

切削厚度即切削层的厚度,它是垂直于切削刃方向上度量的切削层截面的尺寸。h_D 的大小能反映切削刃单位长度上工作负荷的大小。由图2.3可知:

$$h_D = f \cdot \sin k_r \tag{2.4}$$

2)切削宽度 b_D

切削宽度即切削层的宽度,是沿切削刃方向度量的切削层截面的尺寸。b_D 的大小影响刀具的散热情况。由图2.3可得：

$$b_D = \frac{f}{\sin k_r} \tag{2.5}$$

3）切削面积 A_D

切削面积即切削层横截面的面积。

$$A_D = fa_p = b_D h_D \tag{2.6}$$

式（2.1）及式（2.2）建立了切削层截面的工艺参数与物理参数的换算关系。式中，k_r 为车刀主偏角。当工艺参数进给量 f、背吃刀量 a_p 确定后，主偏角 k_r 越大，则切削厚度 h_D 也越大，但切削宽度 b_D 却越小。显然，当 $k_r = 90°$时：$h_D = f$，$b_D = a_p$（图2.3）。

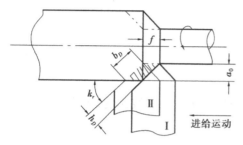 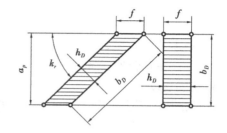

图2.3　切削层参数

2.1.2　刀具角度

机械加工刀具的种类虽然很多，形状也各不一样，但它们切削部分的结构要素和几何形态有着许多共同的特征，即它们由若干个基本切削单元所组成。如图2.4所示，各种复杂刀具或多齿刀具，拿出其中一个刀齿，它们的切削部分都可以近似看成是一把外圆车刀的切削部分。现代刀具引入"不重磨"概念后，刀具切削部分的统一性获得了新的发展。许多结构迥异的切削刀具，其切削部分不过是一个或几个"不重磨式刀片"，如图2.5所示。下面就从车刀着手进行分析和研究。

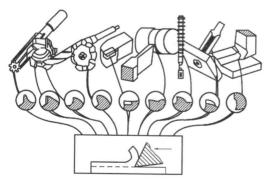 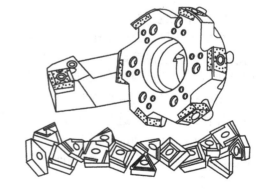

图2.4　各种刀具功削部分的形状　　　　图2.5　不重磨式刀片的切削部分

（1）刀具切削部分的组成

组成切削部分的要素为刀面、刀刃和刀尖。如图2.6所示为外圆车刀切削部分的组成。对于普通外圆车刀来说，它是由两个基本切削单元组成，即前刀面、主后刀面（后刀面）、主切削刃组成的基本切削单元，前刀面、副后刀面、副切削刃组成的基本切削单元。其构造可用三面、二刃、一尖来概括。三面,即前刀面 A_γ、主后刀面 A_α、副后刀面 A'_α。

①前刀面 A_γ 是指切削加工时切屑所流经的刀具表面。

②主后刀面 A_α 是指切削加工时与工件上加工表面相对的刀具表面。

③副后刀面 A_α 是指切削加工时与工件已加工表面相对的刀具表面。

二刃是指主切削刃 S 和副切削刃 S'。

①主切削刃 S:前刀面与后刀面的交线。它承担主要切削任务。

②副切削刃 S':切削刃上除主切削刃以外刀刃,它承担部分切削任务。

一尖是刀尖,即主、副切削刃汇交的一小段切削刃。

(2)定义刀具角度的参考系

刀具几何角度是确定刀具切削部分几何形状与切削性能的重要参数。用于定义和测量刀具角度的基准坐标平面称为参考系。

参考系分标注参考系(静态参考系)和工作参考系(动态参考系)两类。刀具标注参考系是刀具设计、制造、刃磨与测量的基准。刀具工作参考系是确定工作状态中刀具角度的基准。

刀具的标注参考系有:正交平面参考系、法平面参考系、进给平面参考系和切深平面参考系,最常用的是正交平面参考系。下面以外圆车刀为例分析正交平面参考系与刀具标注角度。

建立正交平面参考系时,是以下面的假定条件为基础的,即不考虑进给运动的影响,只考虑切削速度方向的影响,且假定车刀刀尖与工件中心等高,车刀刀杆中心线垂直于工件轴线。

正交平面参考系是由基面 P_r、切削平面 P_s 和正交平面 P_o 组成的。

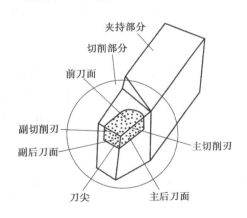

图2.6 车刀切削部分的组成

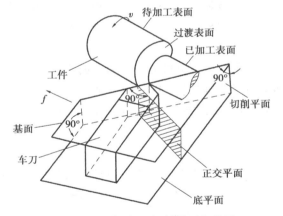

图2.7 正交平面、切削平面和基面

1)基面 P_r

过切削刃选定点垂直于该点切削速度方向的平面,车刀的基面可理解为平行刀具底面的平面,如图2.7所示。

2)切削平面 P_s

这是指过切削刃选定点与切削刃相切并垂直于基面的平面,如图2.8所示。

3)正交平面 P_o

过切削刃选定点同时垂直于切削平面与基面的平面称为正交平面,如图2.9所示。

如果切削力选定点取在副切削刃上,则所定义的是副切削刃标注参考系的坐标平面,应在相应的符号右上角加标"′"以示区别。并在坐标面名称之前冠以"副切削刃",简称"副刃"。

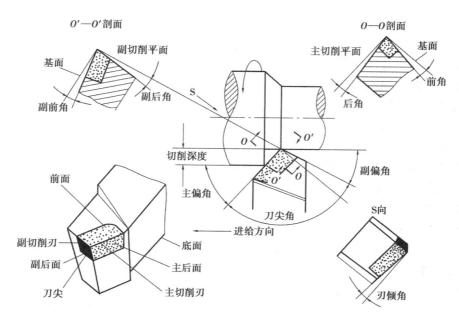

图 2.8　外圆车刀切削部分的几何角度

（3）刀具的标注角度

刀具的标注角度是由刀面、刀刃与上述的坐标参考平面构成的。它们是刀具设计和制造时的使用的角度,也就是刀具设计图样上所标注的角度。其值大小决定了刀具的切削性能、锋利程度及强度,其中前角、后角、主偏角和刃倾角是主切削刃上 4 个基本角度。如图 2.8 以车刀为例,分析车刀角度的定义与度量方法。

1）前角 γ_0

前角可正可负可为零。前刀面在基面之下时称正前角,反之为负前角。当前角较大时,切削刃锋利,切削轻快,切屑层的变形小,切削力也小。但是前角过大时,切削刃和刀头强度减弱,散热条件差。当取负前角时,刃口强度高,抗冲击性能好,但刃口变钝,切削力增大,不利于切削的进行。车刀的前角一般取 $-5° \sim 25°$。

2）后角 α_0

后角的主要作用是减少刀具后刀面与工件的加工面之间的摩擦。后角大时,摩擦小,切削锋利;但后角过大会使切削刃变弱,散热条件差,刀具磨损快。后角如果过小,刀具的强度虽然增加,会使摩擦加剧。车刀后角一般取 $6° \sim 15°$。

3）主偏角 K_γ

主偏角主要影响切削层的截面形状和参数,影响各切削分力的大小分配。车刀的主偏角有 45°、60°、75°、90° 等几种。

4）副偏角 K'_γ

副偏角的作用是减少副切削刃与已加工表面之间的摩擦。车刀副偏角一般取 $5° \sim 15°$。

主偏角和副偏角的大小会影响工件已加工表面的粗糙度和刀具的耐用度 。当主、副偏角较小时,刀具的强度高,散热性好,有利于提高刀具耐用度,而且所加工工件的表面粗糙度小;但是,副偏角减小会引起径向分力增大,在加工刚性差的工件时容易产生工件的变形,并可能产生振动。所以,在粗加工时可取较大值。

5）刃倾角 λ_s

刃倾角主要影响刀头的强度、切削力的分配和切屑的流向，与前角类似，刃倾角也可正可负可为零。当取负时，刀头的强度增大，会使背向力增大，有可能引起振动，而且切屑流向工件的已加工表面，可能划伤和拉毛已加工表面。所以，粗加工时，常取负的刃倾角。在精加工时，为了不擦伤已加工表面，保证表面加工精度，刃倾角常取正值。车刀的刃倾角一般取 $-5° \sim +5°$。

（4）刀具的工作角度

上述刀具的标注角度，是在理想条件下确定的。其值主要用于刀具刃磨时的衡量使用，实际切削时，由于进给运动及刀具安装位置影响，致使刀具的实际工作角度不同于标注角度。我们把刀具在切削过程的实际切削角度称为工作角度。

如图 2.9 所示，车外圆时，若刀尖高度高于工件的回转轴线，与标注角度比较，工作前角增大，工作后角减小；反之，若刀尖低于工件的回转轴线，则工作前角减小，工作后角增大。而车内孔时则相反。

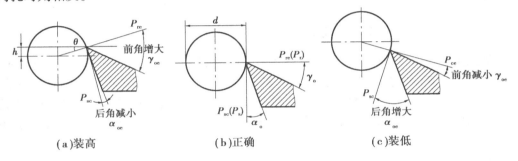

图 2.9　刀尖与工件不等高时的前后角

工作直径越小，高度安装误差对工作角度的影响越明显，比如在切断工件时，随着切削的深入，工件的直径越来越小。当切断刀装高时，实际工作后角可能会变成负值，负后角是不能切削的，这也是切断刀装高而崩刃的主要原因。当然，如果刀尖低于工件中心，则将会产生振动，或者产生"扎刀"现象。

刀具装偏，即刀具中心不垂直于工件中心，将造成主偏角和副偏角的变化。车刀中心向右偏斜，工作主偏角增大，工作副偏角减小；车刀中心向左偏斜，工作主偏角减小，工作副偏角增大，如图 2.10 所示。

车刀刀杆的装偏，改变了主偏角和副偏角的大小 。对于一般车削来说，少许装偏影响不是很大，但对于切断来说，因切断刀安装不正确，切断过程会产生轴向分力，使刀头偏向一侧，轻者会使切断面出现凹或者凸形，重者会使切断刀折断，必须引起充分重视。

由于走刀运动时车刀刀刃所形成的加工面为阿基米德螺旋面，而切削刃上的选定点相对于工件的运动轨迹为阿基米德螺旋线，使得切削平

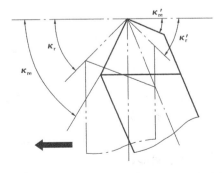

图 2.10　刀具装偏对主偏角、副偏角的影响

面和基面发生倾斜,造成工作前角增大,工作后角减小,如图 2.11 所示。其角度变化值称为合成切削速度角,用符号 η 表示。

一般切削时进给量较小,进给运动引起的 η 值很小,不超过 $30' \sim 1°$,故可忽略不计。但在进给量较大时,如车削大螺距螺纹,尤其是多线螺纹时,η 值很大,可以大到 $15°$ 左右,因此在设计刀具时,必须考虑 η 对工作角度的影响,从而给以适当的弥补。

需要注意的是,对于螺纹车刀而言,进给运动对左右刀刃工作前后角的影响是不同的。对左切削刃,工作前角增大,工作后角减小;对于右切削刃,工作前角减小,工作后角增大。

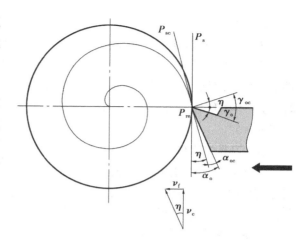

图 2.11　进给运动对工作角度的影响

2.1.3　机械加工切削规律及切屑类型

机械加工过程中,通过切削运动,刀具从工件的表面上切下多余的金属层,形成切屑,获得需要的已加工表面。在切削过程中,刀具和工件之间始终存在着切除和反切除这一矛盾,产生切削力、切削热与切削温度,出现刀具磨损等现象。掌握这些基本规律,可以更合理地使用刀具、夹具、机床,保证加工质量,减少成本,提高生产效率以及促进切削技术发展等打下理论基础。

(1)切屑的形成过程

切削加工时,当刀具接触工件后,工件上被切层受到挤压而产生弹性变形,随着刀具继续切入,应力不断增大,切削层开始塑性变形,并沿滑移角 β_1 的方向滑移;刀具再继续切入,应力达到材料的断裂强度,被切层就沿着挤裂角 β_2 的方向产生裂纹,形成屑片。当刀具继续前进时,新的循环又重新开始,直到整个被切层切完为止。所以切削过程就是切削层材料在刀具切削刃和前刀面的作用下,经挤压产生剪切滑移变形,使切削层金属与母体材料分离变为切屑的过程。由于工件材料、刀具的几何角度、切削用量等不同,将会形成不同形态的切屑,如图 2.12 所示。

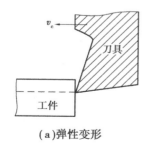 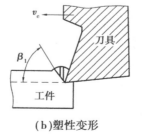 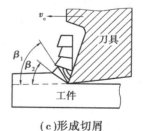

(a)弹性变形　　　　(b)塑性变形　　　　(c)形成切屑

图 2.12　切削(切屑形成)过程

(2)三个变形区

为进一步分析和认识切削层变形的规律,通常把刀刃作用部位划为三个变形区,如图 2.13所示。三个变形区交汇于刀刃附近,被切削金属材料在此分离,部分变成切屑,部分留在已加工表面。三个变形区各具特色,既互相联系,又相互影响。切削过程中产生的各种想象与之密切相关。

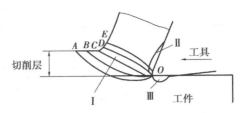

图 2.13　切削的三个变形区

第一变形区:靠近切削刃附近,切削层内产生塑性变形的区域。

第二变形区:与前刀面接触的切屑底层内产生变形的一薄层金属区域。

第三变形区:靠近切削刃处,已加工面表层内产生变形的一薄层金属区域。

在这三个变形区中,以第一变形区最为重要,几乎全部切削层金属都要先后在这个变形区里经塑性变形而成为切屑。所以有必要对第一变形区加以研究。

(3)积屑瘤的形成及其对切削过程的影响

在一定切削速度范围内,加工钢料、有色金属等塑性材料时,在切削刃附近的前刀面上会出现一块高硬度的金属,它包围着切削刃,且覆盖着部分前刀面。这块硬度很高的金属称作积屑瘤。

切削中,当切屑沿前刀面流出,在高温和高压作用下,由于摩擦力很大,使切屑底层的一部分金属产生"滞留"。当滞留层与前刀面的摩擦力大于材料内部的结合力时,使滞留层从切屑母体中分离,并牢固的黏结(冷焊)在近刀刃的前刀面上。这样,一层一层地黏结在一起,形成积屑瘤,直至该处的温度和压力不足以造成黏结为止。一般来说,温度与压力太低,不会发生黏结;而温度太高,也不会产生积屑瘤。因此,切削温度是产生积屑瘤的决定因素。

如图 2.14 所示,在切削加工过程中,积屑瘤有利的一面是它包裹在切削刃上代替切削刃工作,起到保护切削刃的作用,同时还使刀具实际前角增大,切削变形程度降低,切削力减小。但也有不利的一面,由于它的前端伸出切削刃之外,影响尺寸精度,同时其形状也不规则,在切削表面刻出深浅不一的沟纹,影响表面质量。此外,它也不稳定,成长、脱落交替进行,切削力易波动,破碎脱落时会划伤刀面,若留在已加工表面上,会形成毛刺等,增加表面粗糙度值。因此在粗加工时,允许有积屑瘤存在,但在精加工时,一定要设法避免。

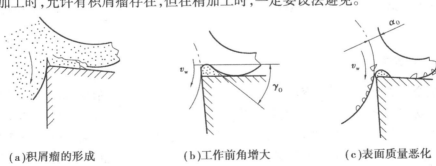

(a)积屑瘤的形成　　　　(b)工作前角增大　　　　(c)表面质量恶化

图 2.14　积屑瘤及其对切削过程的影响

(4)切屑的类型

切屑的通常可分为带状切屑、节状切屑、粒状切屑和崩碎切屑。其形成条件、特性如表 2.1所示。切屑形状随着切削条件不同而变化。例如,加大前角、提高切削速度或减小进给量可将节状切屑变成带状切屑。因此,生产中根据具体情况采取不同措施得到所需的切屑,以保证切削顺利进行。

表 2.1　切屑的类型

切屑类型	带状切屑	节状切屑	粒状切屑	崩碎切屑
图例				
形成条件	用较大前角、较高的切削速度和较小的进给量切削塑性材料时,容易得到带状切屑	采用较低的切削速度和较大的进给量切削中等硬度的钢件时,容易得到节状切屑	用很小的前角、很低的切削速度、较大的进给量切削塑性材料时,容易得到粒状切屑	切削铸铁等脆性材料时,切削层产生弹性变形后,一般不经过塑性变形就突然崩碎,形成不规则的碎块状屑片,称为崩碎切屑
特点	外形连绵不断,与前刀面接触的面很光滑,背面呈毛茸状	切屑的背面呈锯齿形,底面有时出现裂纹	外形是类似梯状的粒状切屑	—
优点	形成带状切屑时,切削过程较平稳,切削力波动较小,加工表面较光洁	易折断、易处理		不存在切屑卷曲缠绕工件的现象
缺点	切屑连续不断,易缠绕在工件上,不利于切屑的清除和运输,生产上常采用在车刀上磨断屑槽等方法断屑	这种切屑的形成过程是典型的金属切削过程,由于切削力波动较大,切削过程不平稳,工件表面较粗糙	切削力很大,且变化大,波动大,切削过程极不平稳,已加工表面粗糙度大,切削中不应形成此类切屑	产生崩碎切屑过程中,切削热和切削力都集中在主切削刃和刀尖附近,刀尖易磨损,切削过程不平稳,影响表面质量

2.1.4　切削力

切削层金属之所以会产生变形,主要在于刀具给予力作用的结果,这个力叫切削力。切削力不仅使切削层金属产生变形、消耗了功率,产生了切削热,使刀具变钝而失去切削能力,影响加工表面质量,也影响生产效率的提高;同时,切削力也是机床电动机功率选取、机床主运动和进结运动机构设计的主要依据。切削力的大小,是用来衡量工件材料和刀具材料的切削加工性能的标志之一,还可作为切削加工过程的适应控制的可控因素。

(1)切削力的来源、合力、分力和切削功率

切削力是刀具上所有参与切削的各切削部分所产生的切削力合力。而一个切削部分的总切削力 F 是一个切削部分切削工件时所产生的全部切削力。它来源于三个变形区内产生的弹、塑性变形抗力和切屑、工件与刀具之间的摩擦力,如图 2.15 所示。

刀具切削部分的切削力是个大小、方向不易测定的力。为便于分析,常将总切削力分解

成三个相互垂直的力,即切削力的几何分力,如图
2.16所示。

切削力在主运动方向上的正投影,称为主切削
力,用符号 F_c 表示。主切削力约占总切削力的
90%以上。它是计算机床动力、设计主传动系统的
零件、夹具强度和刚度的主要依据,也是计算刀柄、
刀体强度和选择切削用量的依据。

切削力在进给方向上的正投影,称为进给力,
用符号 F_f 表示。进给力是设计和验算进给机构各
零件强度和刚度的主要依据,影响零件的几何
精度。

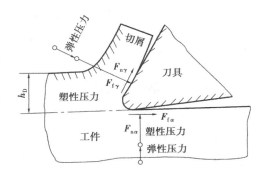

图 2.15　切削力的来源

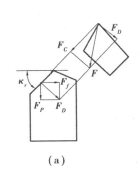

（a）

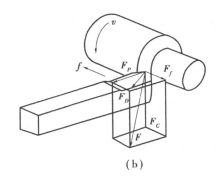

（b）

图 2.16　切削力的分解

切削力在垂直于工作平面上的分力,称为背向力,用符号 F_p 表示。背向力对工件的加工
精度影响最大。切削加工时,易使工件产生弹性弯曲,引起振动。

金属切削时,在变形区内所消耗的功率是由主切削力 F_c 消耗的切削功率和进给力 F_f 消
耗的进给功率两部分组成的。由于进给功率值很小,在总消耗功率中只占1%~5%,可以忽
略不计,因此,切削功率的计算式为:

$$P_c = F_c v_c \times 10^{-4}/6 \tag{2.7}$$

式中　P_c——切削功率,kW;

　　　F_c——主切削力,N;

　　　v_c——切削速度,m/min。

（2）影响切削力的主要因素

工件材料的成分、组织和性能是影响切削力的主要因素。工件材料的强度、硬度愈高,则
变形抗力愈大,切削力愈大。工件材料的塑性、韧性越好,则切屑变形越严重,需要的切削力
就越大。

切削用量中对切削力影响最大的是切削深度 a_p,其次是进给量 f。实践证明,a_p 增大1
倍,F_c 增加1倍;f 增大1倍,F_c 只增加70%~80%。所以,从切削力和消耗能量的观点来看,
用大的 f 比用大的 a_p 切削更有利。切削速度 v 对切削力的影响较小。

前角增大,刀刃锋利,切屑变形减小,同时摩擦力减小,切削力减小。后角增大,刀具后面
和工件间的摩擦减小,切削力减小。改变刃倾角大小,可改变进给力和背向力的比例,当加工

细长工件时,增大刃倾角,可减小背向力,从而避免工件的弯曲变形。

使用切削液可减小摩擦力,减小切削力。后刀面磨损加剧摩擦的增加,使切削力增大,因此要及时刃磨和更换刀具。

2.1.5 切削热与切削温度

(1) 切削热的产生与传散

切削过程中所消耗的切削功绝大部分转换为切削热。切削热的主要来源是切削层材料的弹性、塑性变形(Q变形),以及切屑与刀具前面之间的摩擦(Q前摩)、工件与刀具后面之间的摩擦(Q后摩),因而三个变形区也是产生切削热的三个热源。

切削热通过切屑、工件、刀具和周围介质(如空气、切削液)等传散热量,如图2.17所示。各部分传散的比例随切削条件的改变而不同。切削热产生和传散的综合结果影响着切削区域的温度。过高的温度不仅使工件产生变形,影响加工精度,还影响刀具寿命。因此,在切削加工中,应采取措施,减少切削热的产生,改善散热条件以减少高温对刀具和工件的不良影响。

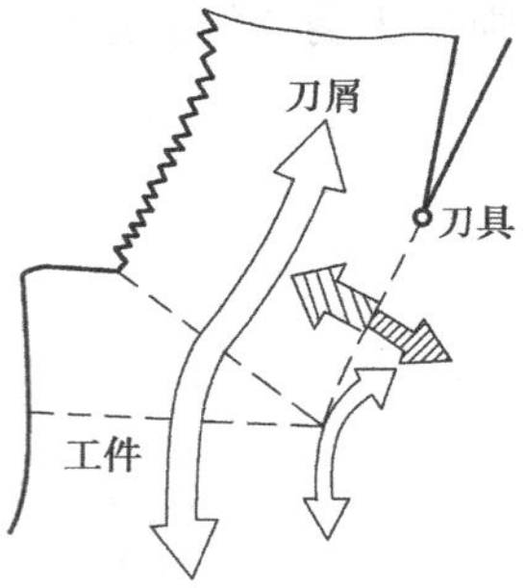

(2) 影响切削温度的主要因素

切削区域的平均温度称切削温度,其高低取决于切削热产生的多少及散热条件的好坏。影响切削温度的主要因素有:

图2.17 切削热的来源和传散

1) 切削用量

切削用量 v、f、a_p 增大,切削功率增加,产生的切削热响应增多,切削温度相应升高。但它们对切削温度的影响程度是不同的,v 的影响最大,f 次之,a_p 影响最小。这是因为随着 v 的提高,单位时间内金属切除量增多,功耗大,热量增加;同时,使摩擦热来不及向切削内部传导,而是大量积聚在切削底层,从而使切削温度升高。而 a_p 增加,则参加工作的刀刃长度增加,散热条件得到改善,所以切削温度升高并不多。

2) 工件材料

工件材料的强度、硬度愈高或塑性愈好,切削中消耗的功也愈大,切削热产生的愈多,切削温度较高。热导性好的工件和刀具材料,因传热快,切削温度较低。

3) 刀具几何角度

前角和主偏角对切削温度的影响较大。前角增大,切削变形和摩擦减小,产生的切削热少,切削温度低;但前角过大,反而因刀具导热体积减小而使切削温度升高。主偏角减小,切削刃工作长度增加,散热条件变好,使切削温度降低;但主偏角过小又会引起振动。

此外,使用切削液与否和刀具的磨损等都会对切削温度产生一定的影响。

2.1.6 刀具磨损与耐用度

刀具在切削过程中将逐渐产生磨损。当磨损量达到一定程度时,会使切削力增大,切削温度上升,切屑颜色改变,甚至产生振动。同时,工件尺寸可能会超出公差范围,已加工表面质量明显恶化。此时,必须对刀具进行重磨或更换新刀。有时,刀具也可能在切削过程中会突然损坏而失效,造成刀具破损。刀具的磨损、破损及其使用寿命关系到切削加工的效率、质量和成本,因此它是切削加工中极为重要的问题之一。

(1)刀具磨损的形态

在切削过程中,前刀面、后刀面不断与切屑、工件接触,在接触区里发生着强烈的摩擦,同时,在这接触区里又有很高的温度和压力。因此,前刀面和后刀面随着切削的进行都会逐渐产生磨损,如图 2.18 所示。

1)前刀面磨损(月牙洼磨损)

在切削速度较高、切削厚度较大的情况下加工塑性金属,当刀具的耐热性和耐磨性稍有不足时,切屑在前刀面上经常会磨出一个月牙洼。在前刀面上产生月牙洼的地方,其切削温度最高,因此磨损也最大,从而形成一个凹窝(月牙洼)。月牙洼和切削刃之间有一条小棱边。在磨损的过程中,月牙洼宽度逐渐扩展。当月牙洼扩展到使棱边变得很窄时,切削刃的强度大为削弱,极易导致崩刃。

2)后刀面磨损

由于加工表面和后刀面间存在着强烈的摩擦,在后刀面上

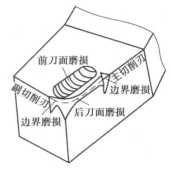

图 2.18　刀具磨损的形态

毗邻切削刃的地方很快被磨出后角为零的小棱面,这种磨损形式叫做后刀面磨损。在切削速度较低、切削厚度较小的情况下切削塑性金属以及加工脆性金属时,一般不产生月牙洼磨损,但都存在着后刀面磨损。

在切削刃参加切削工作的各点上,后刀面磨损是不均匀的。从图 2.18 可见,在刀尖部分由于强度和散热条件较差,因此磨损较为剧烈。在切削刃上靠近工件外表面处,由于上道工序的加工硬化层或毛坯表面硬层的影响及该区刀具上因有急剧的应力梯度和温度梯度等原因,往往使该区切削刃连同后刀面产生较大的磨损沟,而形成缺口。刀具在此处磨损为边界磨损。在参与切削的切削刃中部,其磨损比较均匀。

3)前刀面和后刀面同时磨损

这是一种兼有上述两种情况的磨损形式。在切削塑性金属时,经常会发生这种磨损。

(2)刀具磨损的原因

刀具磨损的原因很复杂,主要有以下几种常见的形式:

1)机械作用的磨损

工件材料中含有比刀具材料硬度高的硬质点或粘附有积屑瘤碎片,就会在刀具表面上刻划,使刀具磨损。在低速切削时,机械摩擦磨损是造成刀具磨损的主要原因。

2)粘结磨损

工件或切屑的表面与刀具表面之间的粘结点,因相对运动,刀具一方的微粒被对方带走而造成磨损。粘结磨损与切削温度有关,也与刀具材料及工件材料两者的化学成分有关。

3)氧化磨损

在一定的温度条件下(700~800 ℃),刀具、工件和切屑的新生成表面会与氧化合而形成一层氧化膜,若刀具上的氧化膜强度较低,会被工件或切屑擦掉而形成磨损,称为氧化磨损。

4)扩散磨损

扩散磨损是指刀具材料中的 Ti、W、Co 等元素,在高温时会逐渐扩散到切屑或工件材料中

去,工件材料中的 Fe 元素也会扩散到刀具表层里。这样,改变了硬质合金刀具的化学成分,使表层硬度变得脆弱,从而加剧了刀具的磨损。

用硬质合金刀具进行切削,低温时以机械磨损为主,温度升高时粘结磨损速度加快,温度升得更高时,氧化磨损与扩散磨损加剧。

5)相变磨损

刀具材料因切削温度升高达到相变温度时,使金相组织发生变化,刀具硬度降低而造成磨损,称为相变磨损。高速钢刀具为 550~600 ℃时发生相变。

高速钢刀具低温时以机械磨损为主,温度升高时发生粘结磨损,达到相变温度时即形成相变磨损,失去切削能力。

(3)刀具磨损过程与磨钝标准

刀具磨损的过程可分为三个阶段,如图 2.19 所示。

1)初期磨损阶段

发生在刀具开始切削的短时间内。因为刃磨后的刀具表面仍存在微观粗糙不平,故磨损较快。

2)正常磨损阶段

经初期磨损后,刀具粗糙表面逐渐磨平,刀面上单位面积压力减小,磨损比较缓慢且均匀,进入正常磨损阶段。这阶段磨损量与切削时间近似成比例增加。

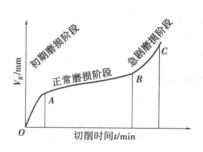

图 2.19　刀具磨损过程

3)急剧磨损阶段

当磨损量增加到一定限度后,刀具已磨损变钝,切削力与切削温度迅速上升,磨损量急剧增加,刀具失去正常的切削能力。因此,在这个阶段到来之前,要及时换刀。

刀具磨钝标准是指对刀具规定一个允许磨损量的最大值。刀具磨钝标准一般规定在刀具后刀面上,以磨损量的平均值 V_B 表示。这是因为刀具后刀面对加工质量影响大,而且便于测量。

(4)刀具耐用度的选择

实际生产中,刀具耐用度常按下列数据确定:高速钢车刀为 30~60 min,硬质合金焊接车刀为 15~60 min,硬质合金可转位车刀为 15~45 min,组合机床、自动线刀具为 240~480 min,硬质合金铣刀为 90~180 min。

(5)刀具的破损

刀具破损和刀具磨损一样,也是刀具失效的一种形式。刀具在一定的切削条件下使用时,如果它经受不住强大的应力(切削力或热应力),就可能发生突然损坏,使刀具提前失去切削能力,这种情况就称为刀具破损。破损是相对于磨损而言的。从某种意义上讲,破损可认为是一种非正常的磨损。刀具的破损有早期和后期(加工到一定的时间后的破损)两种。刀具破损的形式分脆性破损和塑性破损两种。硬质合金和陶瓷刀具在切削时,在机械和热冲击作用下,经常发生脆性破损。脆性破损又分为崩刀、碎断、剥落、裂纹破损。

2.1.7　刀具材料

(1)刀具材料应具备的性能

切削过程中,刀具直接完成切除余量和形成已加工表面的任务。刀具切削性能的优劣,取决于构成切削部分的材料、几何形状和刀具结构。由此可见刀具材料的重要性,它对刀具使用寿命、加工效率、加工质量和加工成本影响极大。

在切削加工时,刀具切削部分与切屑、工件相互接触的表面上承受很大的压力和强烈的摩擦,刀具在高温下进行切削的同时,还承受着切削力、冲击和振动,因此刀具材料应具备以下基本要求:

1)硬度

刀具材料必须具有高于工件材料的硬度,并要求保持较高的高温硬度。

2)耐磨性

表示刀具抵抗磨损的能力,它是刀具材料机械性能(力学性能)、组织结构和化学性能的综合反映。例如,组织中硬质点的硬度、数量、大小和分布对抗磨料磨损的能力有很大影响。

3)强度和韧性

为了承受切削力、冲击和振动,刀具材料应具有足够的强度和韧性。刀具材料中强度高者,韧性也较好,但硬度和耐磨性常因此而下降,这两个方面的性能是互相矛盾的。好的刀具材料,应当根据它的使用要求,兼顾以上两方面的性能而有所侧重。

4)耐热性

即刀具材料应在高温下保持较高的硬度、耐磨性、强度和韧性,并有良好的抗扩散、抗氧化的能力。

5)工艺性

为了便于制造,要求刀具材料有较好的可加工性,包括锻、轧、焊接、切削加工和可磨削性、热处理特性等。

此外,在选用刀具材料时,还应考虑经济性。性能良好的刀具材料,如成本和价格较低,且国内资源丰富,则有利于推广应用。

刀具材料种类很多,常用的有工具钢(包括碳素工具钢、合金工具钢和高速钢)、硬质合金、陶瓷、金刚石(天然和人造)和立方氮化硼等。碳素工具钢和合金工具钢,因其耐热性很差,仅用于手工工具。陶瓷、金刚石和立方氮化硼则由于性质脆、工艺性差及价格昂贵等原因,目前尚只在较小的范围内使用。当今,用得最多的刀具材料为高速钢和硬质合金。

(2)高速钢

高速钢是指含有较多钨、铬、钼、钒等合金元意的高合金工具钢,俗称锋钢或白钢。高速钢有较高的硬度、耐磨性和耐热性(600～660 ℃),有足够的强度和韧性,有较好的工艺性。目前,高速钢已作为主要的刀具材料之一,广泛用于制造形状复杂的铣刀、钻头、拉刀和齿轮刀具等。

(3)硬质合金

硬质合金是高硬度、难熔的金属化合物(主要是 WC、TiC 等)微米级的粉末,用钴或镍等金属作粘结剂烧结而成的粉末冶金制品。硬质合金是当今最主要的刀具材料之一。绝大多数车刀、端铣刀和部分立铣刀、深孔钻、浅孔钻、铰刀等均已采用硬质合金制造。由于硬质合金的工艺性较差,它用于复杂刀具尚受到很大限制。目前,硬质合金占刀具材料总使用量的30%～40%。

常用的硬质合金见表2.2。

表2.2 常用的硬质合金

种 类	组 成	特 性	应用场合	牌号举例
钨钴类硬质合金(YG)	碳化钨和钴	硬度为89～91.5 HRA,耐热性为800～900 ℃	加工铸铁、有色金属及其合金,以及非金属材料和含钛的不锈钢等工件材料	YG3、YG6、YG8
钨钛钴类硬质合金(YT)	碳化钨、碳化钛和钴	硬度为89.5～92.5 HRA,耐热性为900～1 000 ℃	加工塑性材料,但不适合加工含 Ti 元素的不锈钢,因为两者的 Ti 元素亲和作用较强,会发生严重的粘结,使刀具磨损加剧	YT5、YT14、YT15、YT30
钨钽(铌)钴类硬质合金(YA)	碳化钨、碳化钽(碳化铌)和钴	较高的常温硬度和耐磨性,同时能细化晶粒,也可提高高温硬度、高温强度和抗氧化能力	适合于对冷硬铸铁、有色金属及其合金进行半精加工,也可对高锰钢、淬火钢等材料进行精加工和半精加工	YA6
钨钛钽(铌)钴类硬质合金(YW)	碳化钨、碳化钛、钴及少量碳化钽或碳化铌	其抗弯强度、韧性、抗氧化能力、耐热性和高温硬度都有很大的提高	能加工钢材、铸铁、有色金属及其合金	YW1、YW2

(4)其他刀具材料

1)陶瓷

陶瓷刀具材料是以人造的化合物为原料,在高压下成形和在高温下烧结而成的,硬度较高,耐热性高达1 200 ℃以上,化学稳定性好,与金属的亲和力小,与硬质合金相比切削速度可提高 3～5 倍。但其最大的弱点是抗弯强度低,冲击韧性差,因此主要用于钢、铸铁、有色金属等材料的精加工和半精加工。常用的陶瓷刀具材料有:高纯氧化铝陶瓷、复合氧化铝陶瓷和复合氮化硅陶瓷等。

2)金刚石

金刚石分天然和人造两种,都是碳的同素异形体。天然金刚石由于价格昂贵用得很少。人造金刚石是在高温高压条件下,由石墨转化而成,是目前已知的最硬物质。金刚石刀具能精密切削有色金属及其合金、硬质合金、陶瓷、高硅铝合金等高硬度、高耐磨材料。但它不适合加工铁族材料,因为金刚石中的碳原子和铁有很强的化学亲合力,刀具极易损坏。

3)立方氮化棚

硬度极高,耐磨性好,耐热性好。主要用于对高温合金、淬硬钢、冷硬铸铁进行半精加工和精加工。

2.1.8　工件材料的切削加工性

材料的切削加工性笼统地说是指对某种材料进行切削加工的难易程度。切削加工性的概念具有相对性。所谓某种材料切削加工性好坏,是相对于另一种材料而言的。一般在讨论钢料的切削加工性时,习惯地以碳素结构钢 45 为基准。如称高强度钢比较难加工,就是相对于 45 钢而言的。

(1)衡量材料切削加工性的指标

衡量切削加工性的指标因加工情况不同而不尽相同。以刀具耐用度来衡量切削加工性,是指在相同的切削条件下,刀具耐用度高,切削加工性好。以切削速度来衡量切削加工性,是指在刀具耐用度 T 相同的前提下,切削某种材料允许的切削速度越高,切削加工性好;反之越小,切削加工性差。如取刀具耐用度 $T = 60$ min,则 V_T 可写作 V_{60}。

生产中常用相对加工性 K_v 来衡量,K_v 是以强度 $\sigma_b = 0.637$ GPa 的 45 钢的 V_{60} 为基准(写作 $(V_{60})_j$),其他被切削材料的 V_{60} 与之相比的数值,即

$$K_v = v_60/(v_{60})_j \tag{2.8}$$

K_v 越大,切削加工性越好;K_v 越小,加工性越差。常用的材料相对加工性见表 2.3。

以切削力和切削温度来衡量切削加工性,是指在相同的切削条件下,切削力大或切削温度高,则切削加工性差。机床动力不足时,常用此指标。

以加工表面质量来衡量切削加工性,是指易获得好的加工表面质量,则切削加工性好。

以断屑性能来衡量切削加工性,是指在自动机床、组合机床及自动生产线上,或者对断屑性能要求很高的工序(如深孔钻削、盲孔钻削),常采用该指标。

表 2.3　工件材料切削加工性等级

加工等级	名称及种类		相对加工性 K_v	代表性工件材料
1	很容易切削材料	一般有色金属	>3.0	铜铅合金、铝铜合金、铝镁合金
2	容易切削材料	易切削钢	2.5~3.0	退火 15Cr,自动机钢
3		较易切削钢	1.6~2.5	正火 30 钢
4	普通材料	一般钢及铸铁	1.0~1.6	45 钢,灰铸铁
5		稍难切削材料	0.65~1.0	2Cr13 调质钢,85 钢
6	难切削材料	较难切削材料	0.5~0.65	45Cr 调质钢,65Mn 调质钢
7		难切削材料	0.15~0.5	50Cr 调质钢,某些钛合金钢
8		很难切削材料	<0.15	某些钛合金钢,铸造镍基高温合金

(2)改善材料切削加工性的途径

热处理可改变材料的组织和机械性能。如高碳钢和工具钢的硬度偏高,且有较多的网状、片状的渗碳体组织,加工较难。经过球化退火,可以降低它的硬度,从而能够改善其切削加工性。

热轧状态的中碳钢,组织常不均匀,有时表面有硬皮,经过正火可使其组织与硬度均匀而改善切削加工性。有时中碳钢也可在退火后加工。

低碳钢的塑性过高,可通过冷拔或正火以适当降低塑性,提高硬度,使切削加工性得到改善。马氏体不锈钢通常要进行调质处理,降低塑性,使其变得较易加工。

铸铁件一般在切削前要进行退火,降低表层硬度,消除内应力,以改善其切削加工性。

此外,通过在钢中适当添加一些元素,如硫、钙、铅等,使钢的切削加工性得到显著改善,

这样的钢叫"易切钢"。易切钢良好的切削加工性主要表现在:刀具使用寿命高,切削力小,容易断屑,已加工表面质量好。

2.1.9　切削液

(1)切削液的作用机理

1)冷却作用

切削液能从切削区域带走大量切削热,使切削温度降低。

2)润滑作用

切削液能渗入到刀具与切屑、加工表面之间形成润滑膜或化学吸附膜,减小摩擦。

3)清洗作用

切削液可以冲走切削区域和机床上的细碎切屑和脱落的磨粒,防止划伤已加工表面和导轨。

4)防锈作用

在切削液中加入防锈剂,可在金属表面形成一层保护膜,起到防锈作用。

(2)切削液的添加剂

为改善切削液的性能而加入的一些化学物质,称为切削液的添加剂。常用的添加剂有以下几种:

1)油性添加剂

它含有极性分子,能与金属表面形成牢固的吸附膜,主要起润滑作用。常用于低速精加工。常用的油性添加剂有动物油、植物油、脂肪酸、胺类、醇类和脂类等。

2)极压添加剂

它是含有硫、磷、氯、碘等元素的有机化合物,在高温下与金属表面起化学反应,形成耐较高温度和压力的化学吸附膜,能防止金属界面直接接触,减小摩擦。

3)表面活性剂(乳化剂)

它是使矿物油和水乳化而形成稳定乳化液的添加剂,能吸附在金属表面上,形成润滑膜,起油性添加剂的润滑作用。常用的表面活性剂有石油磺酸钠、油酸钠皂等。

4)防锈添加剂

它是一种极性很强的化合物,金属表面有很强的附着力,吸附在金属表面上形成保护膜,或与金属表面化合形成钝化膜,起到防锈作用。常用的防锈添加剂有碳酸钠、三乙醇胺、石油磺酸钡等。

(3)切削液的种类及选用

1)水溶液

它的主要成分是水,其中加入防锈添加剂,主要起冷却作用。加入乳化剂和油性添加剂,有一定润滑作用,主要用于磨削。

2)乳化液

它是将乳化油(由矿物油和表面活性剂配成)用水稀释而成,用途广泛。低浓度的乳化液具有良好的冷却效果,主要用于普通磨削、粗加工等。高浓度的乳化液润滑效果较好.主要用于精加工等。

3）切削油

它主要是矿物油（如机械油、轻柴油、煤油等），少数采用动植物油或复合油。普通车削、攻丝时，可选用机油。精加工有色金属或铸铁时，可选用煤油。加工螺纹时，可选用植物油。在矿物油中加入一定量的油性添加剂和极压添加剂，能提高高温、高压下的润滑性能，可用于精铣、铰孔、攻螺纹及齿轮加工。

2.1.10　切削用量的选择

（1）切削用量选择的原则

选择合理的切削用量，要综合考虑生产率、加工质量和加工成本。一般地，粗加工时，由于要尽量保证较高的金属切除率和必要的刀具耐用度，应优先选择大的背吃刀量，其次选择较大的进给量。最后根据刀具耐用度，确定合适的切削速度。精加工时，由于要保证工件的加工质量，应选用较小的进给量和背吃刀量，并尽可能选用较高的切削速度。

（2）背吃刀量、进给量和切削速度值的选定

1）背吃刀量的选择

粗加工的背吃刀量应根据工件的加工余量确定，在保留半精加工余量的前提下，应尽量一次走刀就切除全部粗加工余量；当加工余量过大或工艺系统刚性过差时，可分二次走刀。第一次走刀的背吃刀量一般为总加工余量的 2/3～3/4。在加工铸、锻件时，应尽量使背吃刀量大于硬皮层的厚度，以保护刀尖。半精、精加工的切削余量较小，其背吃刀量通常都是一次走刀切除全部余量。

2）进给量的选择

粗加工时，进给量的选择主要受切削力的限制。在工艺系统刚度和强度良好的情况下，可选用较大的进给量值。由于进给量对工件的已加工表面粗糙度值影响很大，一般在半精加工和精加工时，进给量取得都较小。通常按照工件加工表面粗糙度值的要求，根据工件材料、刀尖圆弧半径、切削速度等条件来选择合理的进给量。当切削速度提高，刀尖圆弧半径增大，或刀具磨有修光刃时，可以选择较大的进给量，以提高生产率。

3）切削速度的选择

在背吃刀量和进给量选定以后，可在保证刀具合理耐用度的条件下，确定合适的切削速度。粗加工时，背吃刀量和进给量都较大，切削速度受刀具耐用度和机床功率的限制，一般较低。精加工时，背吃刀量和进给量都取得较小，切削速度主要受加工质量和刀具耐用度的限制，一般较高。选择切削速度时，还应考虑工件材料的强度和硬度以及切削加工性等因素。

2.1.11　刀具角度的选择

刀具的几何参数对切削变形、切削力、切削温度、刀具寿命等有显著的影响。选择合理的刀具几何参数，对保证加工质量、提高生产率、降低加工成本有重要的意义。

（1）前角的选择

增大前角，可减小切削变形，从而减小切削力、切削热，降低切削功率的消耗，还可以抑制积屑瘤和鳞刺的产生，提高加工质量。但增大前角，会使楔角减小、切削刃与刀头强度降低，容易造成崩刃，还会使刀头的散热面积和容热体积减小，使切削区局部温度上升，易造成刀具的磨损，刀具耐用度下降。

在刀具强度允许的情况下,前角应尽可能取较大的值,具体选择原则如下:

①加工塑性材料时,为减小切削变形,降低切削力和切削温度,应选较大的前角;加工脆性材料时,为增加刃口强度,应取较小的前角。工件的强度低,硬度低,应选较大的前角,反之,应取较小的前角。用硬质合金刀具切削特硬材料或高强度钢时,应取负前角。

②刀具材料的抗弯强度和冲击韧性较高时,应取较大的前角。如高速钢刀具的前角比硬质合金刀具的前角要大;陶瓷刀具的韧性差,其前角应更小。

③粗加工、断续切削时,为提高切削刃的强度,应选用较小的前角。精加工时,为使刀具锋利,提高表面加工质量,应选用较大的前角。当机床的功率不足或工艺系统的刚度较低时,应取较大的前角。对于成形刀具和在数控机床、自动线上不宜频繁更换的刀具,为了保证工作的稳定性和刀具耐用度,应选较小的前角或零度前角。

(2)后角的选择

增大后角,可减小刀具后刀面与已加工表面间的摩擦,减小磨损,还可使切削刃钝圆半径减小,提高刃口锋利程度,改善表面加工质量。但后角过大,将削弱切削刃的强度,减小散热体积使散热条件恶化,降低刀具耐用度。实验证明,合理的后角主要取决于切削厚度。其选择原则如下:

①工件的强度、硬度较高时,为增加切削刃的强度,应选较小后角。工件材料的塑性、韧性较大时,为减小刀具后刀面的摩擦,可取较大的后角。加工脆性材料时,切削力集中在刃口附近,应取较小的后角。

②粗加工或断续切削时,为了强化切削刃,应选较小的后角。精加工或连续切削时,刀具的磨损主要发生在刀具后刀面,应选用较大的后角。

③当工艺系统刚性较差,容易出现振动时,应适当减小后角。在一般条件下,为了提高刀具耐用度,可增大后角,但为了降低重磨费用,对重磨刀具可适当减小后角。

④为了使制造、刃磨方便,一般副后角等于主后角。

(3)主偏角与副偏角的选择

主偏角与副偏角的作用有以下几点:减小主偏角和副偏角可降低残留面积的高度,减小已加工表面的粗糙度值,同时可使刀尖强度提高,改善散热条件,提高刀具耐用度。但减小主偏角和副偏角,会使径向力增大,容易引起工艺系统的振动,加大工件的加工误差和表面粗糙度值。

主偏角在工艺系统的刚度较好时,可取小值,如 $K_r = 30° \sim 45°$。在加工高强度、高硬度的工件时,可取 $K_r = 10° \sim 30°$,以增加刀头的强度。当工艺系统的刚度较差或强力切削时,一般取 $K_r = 60° \sim 75°$。车削细长轴时,为减小径向力,取 $K_r = 90° \sim 93°$。在选择主偏角时,还要视工件形状及加工条件而定,如车削阶梯轴时,可取 $K_r = 90°$,用一把车刀车削外圆、端面和倒角时,可取 $K_r = 45° \sim 60°$。

副偏角主要根据工件已加工表面的粗糙度要求和刀具强度来选择,在不引起振动的情况下,尽量取小值。精加工时,取 $K'_r = 5° \sim 10°$;粗加工时,取 $K'_r = 10° \sim 15°$。当工艺系统刚度较差或从工件中间切入时,可取 $K'_r = 30° \sim 45°$。在精车时,可在副切削刃上磨出一段 $K'_r = 0°$、长度为 $(1.2 \sim 1.5)f$(进给量)的修光刃,以减小已加工表面的粗糙度值。

总之,对于主、副偏角在一般情况下,只要工艺系统刚度允许,应尽量选取较小的值。

(4)刃倾角的选择

刃倾角可影响切屑的流出方向,如图 2.20 所示。当 $\lambda_s = 0$ 时,切屑沿主切削刃垂直方向流出;当 $\lambda_s > 0$ 时,切屑流向待加工表面;当 $\lambda_s < 0$ 时,切屑流向已加工表面。同时,刃倾角可影响刀尖强度和散热条件,如图 2.21 所示。当 $\lambda_s < 0$ 时,切削过程中远离刀尖的切削刃处先接触工件,刀尖可免受冲击,同时,切削层公称横截面积在切入时由小到大,切出时由大到小逐渐变化,因而切削过程比较平稳,大大减小了刀具受到的冲击和崩刃的几率。另外,刃倾角可影响切削刃的锋利程度。当刃倾角的绝对值增大时,可使刀具的实际前角增大,刃口实际钝圆半径减小,增大切削刃的锋利性。

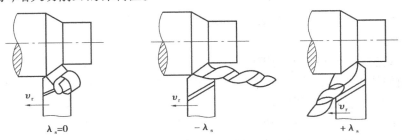

图 2.20　刃倾角对切屑流出方向的影响

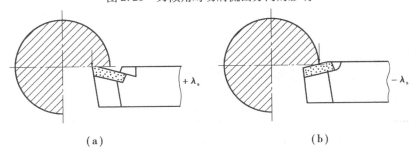

图 2.21　刃倾角对刀尖强度的影响

在加工钢件或铸铁件时,粗车取 $\lambda_s = -5° \sim 0°$,精车取 $\lambda_s = 0° \sim 5°$;有冲击负荷或断续切削时,取 $\lambda_s = -15° \sim -5°$。加工高强度钢、淬硬钢或强力切削时,为提高刀头强度取 $\lambda_s = -30° \sim -10°$。微量切削时,为增加切削刃的锋利程度和切薄能力,可取 $\lambda_s = 45° \sim 75°$。当工艺系统刚度较差时,一般不宜采用负刃倾角,以避免径向力的增加。

(5)其他几何参数的选择

1)切削刃区的剖面形式

通常使用的刀具切削刃的刃区形式有锋刃、倒棱、刃带、消振棱和倒圆刃等,如图 2.22 所示。刃磨刀具时由前刀面和后刀面直接形成的切削刃,称为锋刃。其特点是刃磨简便、切入阻力小,广泛应用于各种精加工刀具和复杂刀具,但其刃口强度较差。沿切削刃磨出负前角(或零度前角、小的正前角)的窄棱面,称为倒棱。倒棱的作用可增强切削刃,提高刀具耐用度。沿切削刃磨出后角为零度的窄棱面,称为刃带。刃带有支承、导向、稳定和消振作用。对于铰刀、拉刀和铣刀等定尺寸刀具,刃带可使制造、测量方便。沿切削刃磨出负后角的窄棱面,称为消振棱。消振棱可消除切削加工中的低频振动,强化切削刃,提高刀具耐用度。研磨切削刃,使它获得比锋刃的钝圆半径大一些的切削刃钝圆半径,这种刃区形式称为倒圆刃。

倒圆刃可提高刀具耐用度,增强切削刃,广泛用于硬质合金可转位刀片。

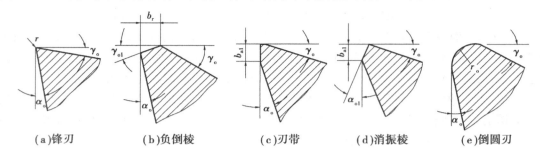

(a)锋刃　　(b)负倒棱　　(c)刃带　　(d)消振棱　　(e)倒圆刃

图 2.22　切削刃区的剖面形式

2)前刀面形式

常见的刀具前刀面形式有平前刀面、带倒棱的前刀面和带断屑槽的前刀面,如图 2.23 所示。平前刀面的特点是形状简单、制造、刃磨方便,但不能强制卷屑,多用于成形、复杂和多刃刀具以及精车、加工脆性材料用刀具。由于倒棱可增加刀刃强度,提高刀具耐用度,粗加工刀具常用带倒棱的前刀面。带断屑槽的前刀面是在前刀面上磨有直线或弧形的断屑槽。切屑从前刀面流出时受断屑槽的强制附加变形,能使切屑按要求卷曲折断,主要用于塑性材料的粗加工及半精加工刀具。

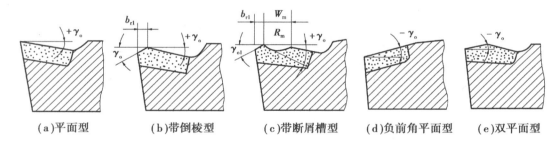

(a)平面型　　(b)带倒棱型　　(c)带断屑槽型　　(d)负前角平面型　　(e)双平面型

图 2.23　前刀面的形式

3)后刀面形式

几种常见的后刀面形式如图 2.24 所示。后刀面有平后刀面、带消振棱或刃带的后刀面、双重或三重后刀面。平后刀面形状简单,制造刃磨方便,应用广泛。带消振棱的后刀面用于减小振动;带刃带的后刀面用于定尺寸刀具。双重或三重后刀面主要能增强刀刃强度,减少后刀面的摩擦。刃磨时一般只磨第一后刀面。

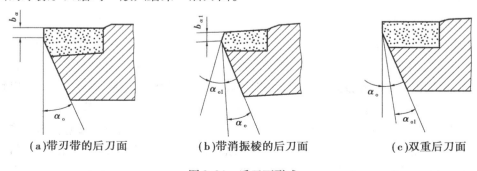

(a)带刃带的后刀面　　(b)带消振棱的后刀面　　(c)双重后刀面

图 2.24　后刀面形式

4)过渡刃

为增强刀尖强度和散热能力,通常在刀尖处磨出过渡刃。过渡刃的形式主要有两种(如图2.25所示):直线形过渡刃和圆弧形过渡刃。直线形过渡刃能提高刀尖的强度,改善刀具散热条件,主要用在粗加工刀具上。圆弧形过渡刃不仅可提高刀具耐用度,还能大大减小已加工表面粗糙度,因而常用在精加工刀具。

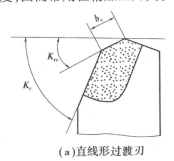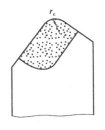

(a)直线形过渡刃　　　　　(b)圆弧形过渡刃

图2.25　刀具过渡刃形式

2.1.12　磨削过程及磨削机理

磨削是机械制造中最常用的加工方法之一。磨削时可采用砂轮、油石、磨头、砂带等作磨具,而最常用的磨具是用磨料和粘结剂做成的砂轮。磨削的加工范围很广,不仅可以加工内外圆柱面、内外圆锥面和平面,还可加工螺纹、花键轴、曲轴、齿轮、叶片等特殊成形表面;可以磨削难以切削的各种高硬、超硬材料;可用于粗加工,精加工和超精加工。磨削通常能达到的精度为IT7~IT5,表面粗糙度R_a值一般为0.8~0.2 μm。磨削容易实现自动化,能获得较高的生产率和良好的经济性。

(1)磨料的形状特征

砂轮是由磨料加结合剂用制造陶瓷的工艺方法制成的。它由磨料、结合剂、气孔三元素组成,如图2.26所示。磨料是砂轮的主要成分,它直接担负切削工作,应具有很高的硬度和锋利的棱角,并要有良好的耐热性。常用的磨料有氧化物系、碳化物系和高硬磨料系三种,其代号、性能及应用见表2.4。

粒度是指磨粒的大小。粒度有两种表示方法。对于用筛选法来区分的较大磨粒(制砂轮用),以每英寸筛网长度上筛选的数目表示。如46#材度表示磨粒刚能通过每英寸46格的筛网。所以粒度号愈大,磨粒的实际尺寸愈小。对于用显微镜测量来区分的微细磨粒(称微粉,供研磨用),以其最大尺寸(单位为μm)前加W表示,如W10、W7等。

磨粒在外力作用下从磨具表面脱落的难易程度称为硬

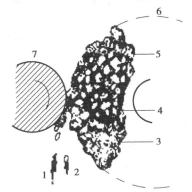

图2.26　砂轮的组成

1—切屑;2—脱落的磨粉;
3—气孔;4—结合剂;
5—磨粒;6—砂轮;7—工件

度。砂轮的硬度反映结合剂固结磨粒的牢固程度。砂轮硬,就是磨粒被固结得牢,不易脱落;砂轮软,就是磨粒被固结得不太牢,容易脱落。砂轮的硬度对磨削生产率和磨削表面质量都有很大的影响。如果砂轮太硬,磨粒磨钝后仍不能脱落,则磨削生产率很低。工件表面极糙,并可能被烧伤。如果砂轮太软，磨粒未磨钝已从砂轮上脱落，则砂轮损耗大，形状不易保持，影响工件质量。砂轮的硬度合适，则磨粒磨钝后因磨削力增大而自行脱落，使新的锋利磨粒露出，砂轮具有自锐性，磨削效率高，工件表面质量好，砂轮的损耗也小。

表2.4　常用磨料的代号、性能及应用

系　列	磨粒名称	代　号	特　性	适用范围
氧化物系 Al₂O₃	棕色刚玉	A	硬度较高、韧性较好	磨削碳钢、合金钢、可锻铸铁、硬青铜
	白色刚玉	WA		磨削淬硬钢、高速钢及成形磨
碳化物系 SiC	黑色碳化硅	C	硬度高、韧性差、导热性较好	磨削铸铁、黄铜、铝及非金属等
	绿色碳化硅	GC		磨削硬质合金、玻璃、玉石、陶瓷等
高硬磨料系 CBN	人造金刚石	SD	硬度很高	磨削硬质合金、宝石、玻璃、硅片等
	立方氮化硼	CBN		磨削高温合金、不锈钢、高速钢等

砂轮组织表示磨粒、结合剂、气孔三者之间的比例关系。磨粒在砂轮总体积中所占比例越大，砂轮组织越紧密，气孔越小。砂轮组织级别分为紧密、中等、疏松三大类，如图2.27所示。紧密组织砂轮适于重压下的磨削，中等组织砂轮适于一般磨削，疏松组织砂轮不易堵塞，适于平面磨、内圆磨等磨削接触面大的工序，以及磨削热敏性强的材料或薄壁工件。

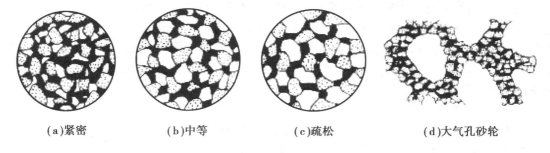

（a）紧密　　　　　（b）中等　　　　　（c）疏松　　　　　（d）大气孔砂轮

图2.27　砂轮组织对比

（2）磨屑形成过程

第Ⅰ阶段（弹性变形阶段）：由于磨削深度小，磨粒以大负前角切削，砂轮结合剂及工件、磨床系统产生弹性变形，当磨粒开始接触工件时产生退让，磨粒仅在工件表面上滑擦而过，不能切入工件，仅在工件表面产生热应力。

第Ⅱ阶段（塑性变形阶段）：随着磨粒磨削深度的增加，磨粒已能逐渐刻划进入工件，工件表面由弹性变形逐步过渡到塑性变形，使部分材料向磨粒两旁隆起，工件表面出现刻痕，但磨粒前刀面上没有磨屑流出。此时除磨粒与工件的相互摩擦外，更主要是材料内部发生摩擦。磨削表层不仅有热应力，而且有因弹、塑性变形所产生的应力。

第Ⅲ阶段（形成磨屑阶段）：此时磨粒磨削深度、被切处材料的切应力和温度都达到一定值，因此材料明显地沿剪切面滑移而形成切屑从前刀面流出。这一阶段工件的表层也产生热应力和变形应力。

（3）磨削运动与磨削用量

磨削时砂轮与工件的切削运动也分为主运动和进给运动。主运动是砂轮的高速旋转；进给运动一般为圆周进给运动(即工件的旋转运动)、纵向进给运动(即工作台带动工件所作的纵向直线往复运动)和径向进给运动(即砂轮沿工件径向的移动)。

磨削用量通常是指砂轮线速度 v_c、工件速度 v_w、磨削深度 a_p 和砂轮轴向进给量 f_a。

砂轮线速度 v_c 一般为 30 ~ 35 m/s;高速磨削时,可达到 45 ~ 100 m/s 或更高一些。砂轮速度一般比车削时的切削速度大 10 ~ 15 倍左右。v_c 太高时,可能产生振动和工件表面烧伤。

工件速度 v_w 在粗磨时常为 15 ~ 85 m/min;精磨时为 15 ~ 50 m/min。v_w 太低时,工件易烧伤;v_w 太高时,磨床可能产生振动。

磨削深度 a_p 在粗磨时可取 0.01 ~ 0.07 mm,精磨时可取 0.002 5 ~ 0.02 mm,镜面磨削时可取 0.000 5 ~ 0.001 5 mm。

砂轮轴向进给量 f_a 指工件每转或每一往复时砂轮的轴向位移量(mm),在粗磨时可取 $(0.3 ~ 0.85)b_s$,精磨时可取 $(0.1 ~ 0.3)b_s$,其中 b_s 为砂轮宽度(mm)。

(4)磨削力

1)磨削力的分解

磨削力 F 可分解为相互垂直的三个分力,即沿砂轮径向的法向磨削力 F_p,沿砂轮切向的切向磨削力 F_c 以及沿砂轮回转轴线方向的轴向磨削力 F_a,如图 2.28 所示。轴向分力 F_a 较小,可不计。

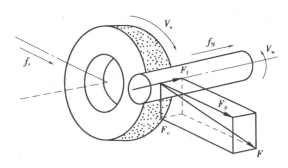

图 2.28　磨削力的分解

2)磨削力基本特征

①单位磨削力值很大。由于磨粒几何形状的随机性和几何参数的不合理,使单位磨削力值很大,远远高于切削加工的单位切削力。

②三项分力中背向力最大。正常磨削条件下,F_p/F_c 的比值约为 2.0 ~ 2.5。

③磨削力随不同的磨削阶段而变化。由于 F_p 较大,使工艺系统产生弹性变形,在开始几次进给中,实际径向进给量远小于名义进给量。随着进给次数的增加,实际进给量逐渐加大,直至达到名义进给量。这个阶段称为初磨阶段。之后磨削进入稳定阶段,实际进给量与名义进给量相等。当余量即将磨完时,进行光磨,靠工艺系统的弹性变形恢复,磨削至尺寸要求。

④磨削力的构成。在磨削力的构成中,材料剪切所占比重较小,而摩擦所占比重较大,可达 70% ~ 80%。

(5)磨削温度

1)工件平均温度

它是指磨削热传入工件而引起的工件温升,它影响工件的形状和尺寸精度。在精密磨削时,为获得高的尺寸精度,要尽可能降低工件的平均温度并防止局部温度不均。

2)磨粒磨削点温度

它是指磨粒切削刃与切屑接触部分的温度,是磨削中温度最高的部位,其值可达 1 000 ℃左右,是研究磨削刃的热损伤、砂轮的磨损、破碎和粘附等现象的重要因素。

3)磨削区温度

即砂轮与工件接触区的平均温度,一般为 500 ~ 800 ℃,它与磨削烧伤和磨削裂纹的产生有密切关系。

影响磨削温度的因素有磨削用量、砂轮参数等。在磨削时,要使磨削温度降低,应该采用较小的砂轮速度和磨削深度,并加大工件速度。而砂轮硬度对磨削温度的影响有明显规律。砂轮软,磨削温度低;砂轮硬,磨削温度高。

(6)砂轮的磨损与耐用度

磨削过程中,由于机械、物理和化学作用造成砂轮磨损,切削能力下降。同时砂轮表面上的磨粒形状和分布是随机的,因此可分为三种磨削形式,图2.29示出以下所述的三种砂轮磨损类型。

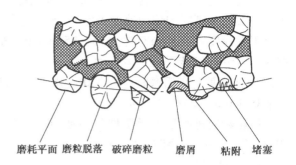

图2.29 砂轮磨损形式

1)砂轮的磨耗磨损

磨削过程中,由于磨粒与工件表面的滑擦作用,磨粒与磨削区的化学反应以及磨粒的塑性变形作用,使磨粒逐渐变钝,在磨粒上形成磨损小平面。造成砂轮磨耗磨损的主要原因是机械磨损和化学磨损。

2)砂轮的破碎磨损

①磨粒破碎。即在磨削过程中,若作用在磨粒上的应力超过了磨粒本身的强度,磨粒上的一部分就会以微小碎片的形式从砂轮上脱落。

②磨粒脱落。即在磨削过程中,若磨粒与磨粒之间的结合剂发生断裂,则磨粒将从砂轮上脱落下来,而在原位置留下空穴。

3)砂轮的堵塞粘附

磨粒通过磨削区时,在磨削高温和很大的接触压力作用下,被磨材料会粘附在磨粒上。粘附严重时,粘附物糊在砂轮上,使砂轮失去切削作用。

(7)磨削特点

从本质上来说,磨削加工是一种切削加工,但和通常的车削、铣削、刨削等相比却有以下的特点:

①磨削属多刃、微刃切削。砂轮上每一磨粒相当于一个切削刃,而且切削刃的形状及分布处于随机状态,每个磨粒的切削角度、切削条件均不相同。

②加工精度高。磨削属于微刃切削,切削厚度极薄,每一磨粒切削厚度可小到数微米,故可获得很高的加工精度和低的表面粗糙度值。

③磨削速度大。一般砂轮的圆周速度达2 000～3 000 m/min,目前的高速磨削砂轮线速度已达到60～250 m/s。故磨削时温度很高,磨削区的瞬时高温可达800～1 000 ℃,因此磨削时必须使用切削液。

④加工范围广。磨粒硬度很高,因此磨削不但可以加工碳钢、铸铁等常用金属材料,还能加工一般刀具难以加工的高硬度、高脆性材料,如淬火钢、硬质合金等。但磨削不适宜加工硬度低而塑性大的有色金属材料。

磨削加工是机械制造中重要的加工工艺,已广泛用于各种表面的精密加工。许多精密铸造成形的铸件、精密锻造成形的锻件和重要配合面也要经过磨削才能达到精度要求。因此,磨削在机械制造业中的应用日益广泛。

学习工作单

工 作 单	机械加工刀具的基础知识		
任　　务	理解机械加工的切削用量、刀具角度、刀具材料、切屑类型、切削液；了解切削力、切削热、切削功率等特点和规律		
班　　级		姓　　名	
学习小组		工作时间	8 学时

[知识认知]

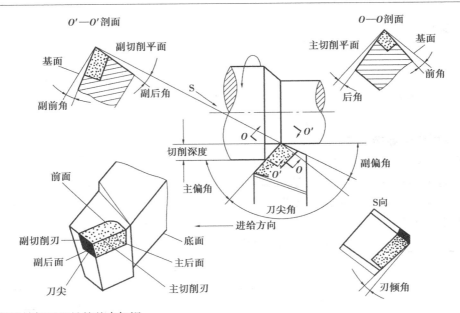

1. 理解机械加工刀具的基本知识。

2. 掌握切削用量、刀具角度(上图)。

3. 熟悉刀具材料、切屑类型、切削液、刀具切削性能及加工过程控制。

4. 了解切削力、切削热、切削功率等特点和规律。

任务学习其他说明或建议：
指导老师评语：
任务完成人签字： 　　　　　　　　　　　　　　　　　　日期：　　年　　月　　日
指导老师签字： 　　　　　　　　　　　　　　　　　　日期：　　年　　月　　日

任务2.2 常用机械加工刀具

任务要求

1.理解机械加工刀具的种类。

2.熟悉各种常用机械加工刀具的结构和特点。

3.会选用、区别各种常用机械加工刀具。

任务实施

2.2.1 车刀

车刀是用于车削加工的、具有一个切削部分的刀具,是切削加工中应用最广的刀具之一。

(1)硬质合金焊接式车刀

硬质合金焊接式车刀是由硬质合金刀片和普通结构钢刀杆通过焊接而成。其优点是结构简单、制造方便、刀具刚性好、使用灵活,故应用较为广泛。如图2.30所示为焊接式车刀。

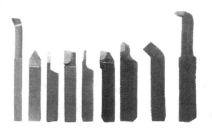

图2.30 焊接式车刀

表2.5 硬质合金焊接式车刀刀片示例

型 号	基本尺寸/mm				主要用途
	l	t	s	r	
A20	20	12	7	7	直头外圆车刀、端面车刀、车孔刀左切
B20	20	12	7	7	
C20	20	12	7		$k_s < 90°$外圆车刀、镗孔刀、宽刃光刀、切断刀、车槽刀
D8	8.5	16	8		
E12	12	20	6		精车刀、螺纹车刀

硬质合金车刀除正确选择材料和牌号外,还应合理选择其型号。表 2.5 是硬质合金焊接式刀片示例。焊接式车刀刀片分为 A、B、C、D、E 五类。刀片型号由一个字母和一个或两个数字组成,字母表示刀片形状,数字代表刀片主要尺寸。

刀头形状一般有直头和弯头两种。直头制造容易,弯头通用性好。刀头尺寸主要有刀头有效长度 L 及刀尖偏距 m,如图 2.31 所示。

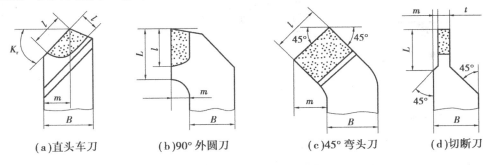

（a)直头车刀　　（b)90°外圆刀　　（c)45°弯头刀　　（d)切断刀

图 2.31　常用车刀刀头的形状

（2)硬质合金机夹重磨式车刀

机夹重磨车刀将硬质合金刀片用机械夹固的方法安装在刀杆上,如图 2.32 所示。机夹重磨车刀只有一主切削刃,用钝后必须修磨,而且可修磨多次。其优点是刀杆可以重复使用,刀具管理简便;刀杆也可进行热处理,提高硬质合金刀片支承面的硬度和强度,减少打刀的危险性,提高刀具的使用寿命;刀片不经高温焊接,排除了产生焊接裂纹的可能性。机夹车刀在结构上要保证刀片夹固可靠,结构简单,刀片在重磨后能够调整尺寸,有时还要考虑断屑的要求。

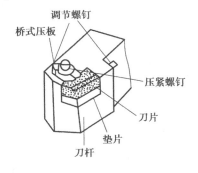

图 2.32　硬质合金机夹重磨式车刀

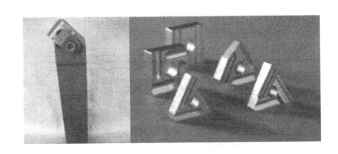

图 2.33　机夹可转位车刀组成

（3)机夹可转位式车刀

可转位车刀是用机械夹固的方式将可转位刀片固定在刀槽中而组成的车刀。当刀片上一条切削刃磨钝后,松开夹紧机构,将刀片转过一个角度,调换一个新的刀刃,夹紧后即可继续进行切削,如图 2.33 所示。和焊接式车刀相比,它有如下特点:

①刀片未经焊接,无热应力,可充分发挥刀具材料性能,耐用度高;

②刀片更换迅速、方便,节省辅助时间,提高生产率;

③刀杆多次使用,降低刀具费用;

④能使用涂层刀片、陶瓷刀片、立方氮化硼和金刚石复合刀片;

⑤结构复杂,加工要求高,一次性投资费用较大;

⑥不能由使用者随意刃磨,使用不灵活。

根据夹紧结构的不同可分为偏心式、杠杆式、楔块式几种形式,其结构如图2.34所示。

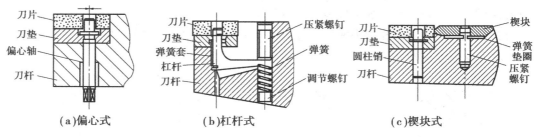

（a）偏心式　　　（b）杠杆式　　　（c）楔块式

图2.34　机夹可转位车刀的夹紧结构组成

2.2.2 孔加工刀具

机械加工中的孔加工刀具分为两类。一类是在实体工件上加工出孔的刀具,如:扁钻、麻花钻、中心钻及深孔钻等;另一类是对工件上已有孔进行再加工的刀具,如:扩孔钻、铰刀及镗刀等。

这些孔加工刀具有着共同的特点:刀具均在工件内表面切削,工作部分处于加工表面包围之中,刀具的强度、刚度及导向、容屑、排屑及冷却润滑等都比切削外表面时问题更突出。

（1）麻花钻

麻花钻是应用最为广泛的孔加工刀具,可用来钻孔和扩孔。高速钢麻花钻加工精度可达IT13～IT11,表面粗糙度R_a为25～6.3 μm;硬质合金麻花钻加工精度可达IT11～IT10,表面粗糙度R_a为12.5～3.2 μm。

标准麻花钻是由切削部分、导向部分和柄部组成,如图2.35所示。直径小于12 mm时一般为直柄钻头,大于12 mm时为锥柄钻头。

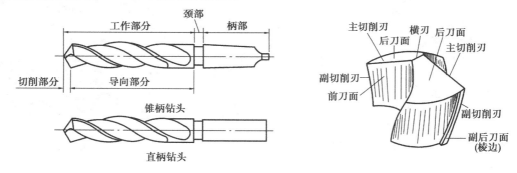

图2.35　麻花钻的组成　　　　图2.36　麻花钻的切削部分

切削部分由两个前刀面、两个后刀面、两个副后刀面、两条主切削刀、两条副切削刃和一条横刃组成,如图2.36所示。标准麻花钻在结构上相当于两把普通外圆车刀。

1）前刀面

前刀面即螺旋沟表面,是切屑流经的表面,起容屑、排屑作用,需抛光以使排屑流畅。

2）后刀面

后刀面与加工表面相对,位于钻头前端,形状由刃磨方法决定,可为螺旋面、圆锥面和平面,以及手工刃磨的任意曲面。

3)副后刀面

副后刀面是与已加工表面(孔壁)相对的钻头外圆柱面上的窄棱面。

4)主切削刃

主切削刃是前刀面(螺旋沟表面)与后刀面的交线,标准麻花钻主切削刃为直线(或近似直线)。

5)副切削刃

副切削刃是前刀面(螺旋沟表面)与副后刀面(窄棱面)的交线,即棱边。

6)横刃

横刃是两个(主)后刀面的交线,位于钻头的最前端,亦称钻尖。

(2)扩孔钻

扩孔是用扩控钻对已钻出的孔进一步加工,以扩大孔径并提高精度和降低表面粗糙度值,如图 2.37 所示。扩孔可达到的尺寸公差等级为 IT11 ~ IT10,表面粗糙度值 R_a 为 12.5 ~ 6.3 μm,属于孔的半精加工方法,常做铰削前的预加工,也可作为精度不高的孔的终加工。

扩孔钻分为柄部、颈部、工作部分三段。其切削部分则有:主切削刃、前刀面、后刀面、钻心和棱边五个结构式要素,如图 2.38 所示。

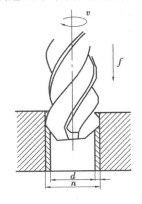 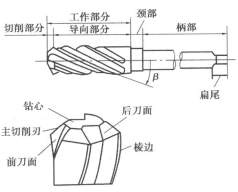

图 2.37　扩孔　　　　　　　　　图 2.38　扩孔钻的结构

扩孔钻有直柄、锥柄和套装三种形式,如图 2.39 所示。扩孔钻的形式随直径不同而不同。直径 $\phi10 ~ \phi32$ 的为锥柄扩孔钻,直径 $\phi25 ~ \phi80$ 的为套式扩孔钻。

(a)直柄　　　　　　　　(b)锥柄　　　　　　　　(c)套式

图 2.39　扩孔钻的种类

扩孔钻的结构与麻花钻相比有以下特点:

①刚性较好。由于扩孔的背吃刀量小,切削少,扩孔钻的容屑槽浅而窄,钻芯直径较大,增加了扩孔钻工作部分的刚性。

②导向性好,扩空钻有 3 ~ 4 个刀齿,刀具周边的棱边数增多,导向作用相对增强。

③切削条件较好。扩孔钻无横刃参加切削,切削轻快,可采用较大的进给量,生产率较高;又因切屑少,排屑顺利,不易刮伤已加工表面。

因此扩孔与钻孔相比,加工精度高,表面粗糙度值较低,且可在一定程度上校正钻孔的轴线误差。此外,适用于扩孔的机床与钻孔相同。

（3）铰刀

铰孔是在半精加工(扩孔或半精镗)的基础上对孔进行的一种精加工方法。铰孔的尺寸公差等级可达 IT9 ~ IT6,表面粗糙度 R_a 可达 3.2 ~ 0.2 μm。

铰孔的方式有机铰和手铰两种。在机床上进行铰削称为机铰,如图 2.40 所示;用手工进行铰削的称为手铰,如图 2.41 所示。常用铰刀结构形式如图 2.42 所示。

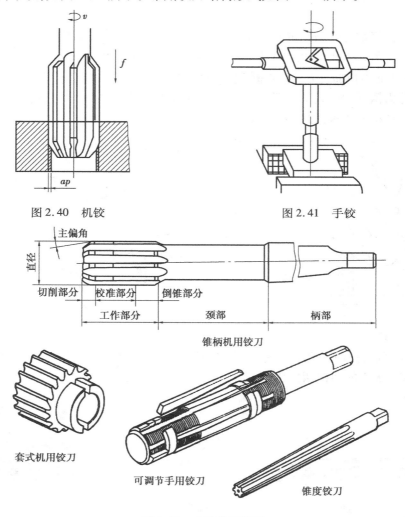

图 2.40 机铰　　　　　　　　图 2.41 手铰

图 2.42 几种常用铰刀

铰削的余量很小。若余量过大,则切削温度高,会使铰刀直径膨胀导致孔径扩大,使切削增多而擦伤孔的表面;若余量过小,则会留下原孔的刀痕而影响表面粗糙度。一般粗铰余量为 0.15 ~ 0.25 mm,精铰余量为 0.05 ~ 0.15 mm。铰削应采用低切削速度,以免产生积屑瘤和引起振动。一般粗铰切削速度为 4 ~ 10 m/min,精铰切削速度为 1.5 ~ 5 m/min,机铰的进给量可比钻孔时高3～4倍,一般为0.5～1.5 mm/r。为了散热以及冲排屑末、减小摩擦、抑制振动和降低表面粗糙度值,铰削时应选用合适的切削液。铰削钢件常用乳化液,铰削铸铁件可用煤油。

2.2.3　铣刀

铣刀是用于铣削加工、具有一个或多个刀齿的旋转刀具。工作时,各刀齿依次间歇地切去工件的余量。铣刀主要用于在铣床上加工平面、台阶、沟槽、成形表面和切断工件等。铣刀按用途区分有多种常用形式,如图2.43所示。

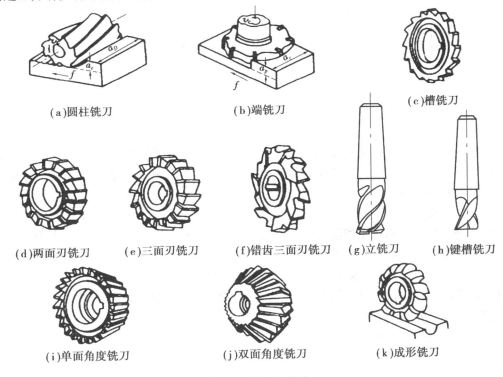

(a)圆柱铣刀　　　　　　(b)端铣刀　　　　　　(c)槽铣刀

(d)两面刃铣刀　(e)三面刃铣刀　(f)错齿三面刃铣刀　(g)立铣刀　(h)键槽铣刀

(i)单面角度铣刀　　　(j)双面角度铣刀　　　(k)成形铣刀

图2.43　铣刀的种类

(1)铣刀的几何角度

铣刀的每1个刀齿相当于1把车刀,它的切削基本规律与车削相似,但铣削是断续切削,切削厚度与切削面积随时在变化,所以铣削过程又具有一些特殊规律。铣刀主要几何角度包括:前角、刃倾角、背前角(轴向前角)、侧前角(径向前角)、主偏角、副偏角和后角。

(2)铣削方式及合理选用

1)逆铣和顺铣

圆周铣削有两种铣削方式,如图2.44所示。当铣刀切削速度方向与工件进给方向相反时称为逆铣,而铣刀切削速度方向与工件进给方向相同时称为顺铣。

逆铣时,刀齿的切削厚度从零逐渐增大(图2.44(a))。铣刀刃口钝圆半径大于瞬时切削厚度时,刀具实际切削前角为负值,刀齿在加工表面上挤压、滑动切不下切屑,使这段表面产生严重的冷硬层。下一个刀齿切入时,又在冷硬层上挤压、滑行,使刀齿容易磨损,同时使工件表面粗糙度增大。

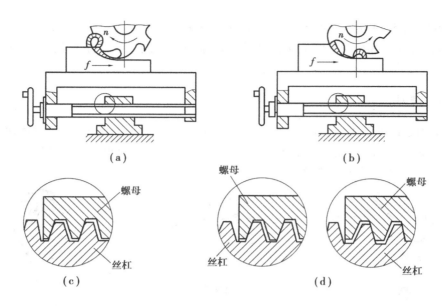

图 2.44 逆铣和顺铣

顺铣时,刀齿的切削厚度从最大开始(图 2.44(b)),避免了挤压、滑行现象。同时切削力始终压向工作台,避免了工件的上下振动,能提高铣刀耐用度和加工表面质量。但顺铣不适用于铣削带硬皮的工件。

逆铣时,工件受到的水平切削分力与进给运动方向相反,铣床工作台丝杆与螺母始终接触,而顺铣时工件受到的水平切削分力与进给运动方向相同。当水平切削分力大于工作台摩擦力时,本来是螺母固定丝杆转动推动工作台前进的运动形式就会变成由铣刀带动工作台前进的运动形式。由于丝杆与螺母之间有间隙,就会造成工作台窜动,使铣削进给量不均,甚至还会打刀。因此在没有丝杆螺母间隙消除装置的一般铣床上,宜采用逆铣加工。

2)对称铣削与不对称铣削

端铣时,根据铣刀相对于工件安装位置不同,可分为对称铣削与不对称铣削,如图 2.45所示。

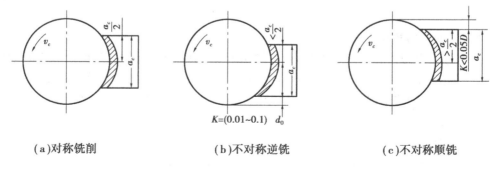

(a)对称铣削　　　　　　(b)不对称逆铣　　　　　　(c)不对称顺铣

图 2.45 端铣的铣削方式

①对称铣削。铣刀轴线位于铣削弧长的对称中心位置,切入切出切削厚度一样。这种铣削方式具有较大的平均切削厚度,在用较小的切削厚度铣削淬硬钢时,为使刀齿超越冷硬层切入工件,应采用对称铣削。

②不对称逆铣。这种铣削在切入时切削厚度最小,铣削碳钢和一般合金钢时,可减小切

入时的冲击。

③不对称顺铣。这种铣削在切出时切削厚度最小,用于铣削不锈钢和耐热合金时,可减小硬质合金的剥落磨损,提高切削速度 40% ~60% 。

2.2.4　拉刀

拉刀是一种高效的多齿刀具。拉削时,利用拉刀上相邻刀齿尺寸的变化来切削工件余量,拉削精度可达 IT7 ~ IT9,表面粗糙度 R_a 可达 3.2 ~0.5 μm。

(1)拉刀的类型

拉刀通常按被加工部位、拉刀结构和使用方法进行分类。按照加工表面位置不同,可分为内拉刀和外拉刀。而内拉刀根据加工形状不同有圆孔拉刀、方孔拉刀、花键拉刀、渐开线拉刀及其他形状的拉刀,如图 2.46 所示。外拉刀有平面拉刀、齿槽拉刀及直角拉刀等,如图 2.47 所示。拉刀按结构不同,分为整体拉刀、焊齿拉刀、装配拉刀和镶齿拉刀,如图 2.48 所示。

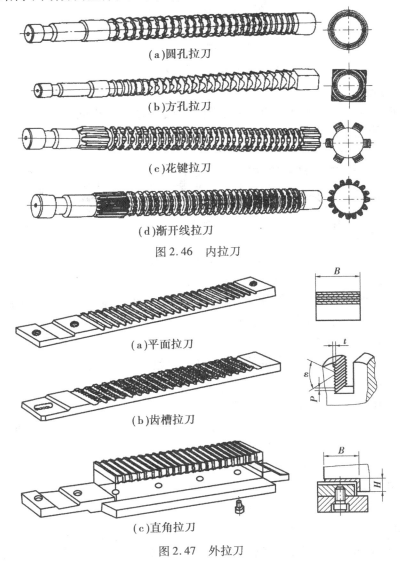

(a)圆孔拉刀

(b)方孔拉刀

(c)花键拉刀

(d)渐开线拉刀

图 2.46　内拉刀

(a)平面拉刀

(b)齿槽拉刀

(c)直角拉刀

图 2.47　外拉刀

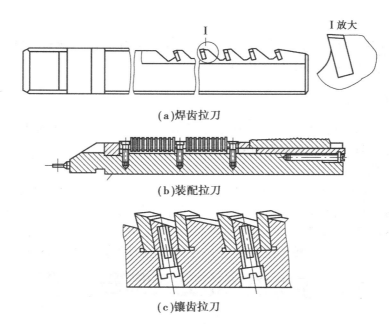

（a）焊齿拉刀

（b）装配拉刀

（c）镶齿拉刀

图 2.48　硬质合金拉刀

（2）拉刀的结构

尽管不同的拉刀结构各有特点，但它们的组成部分还是相同的。下面以圆孔拉刀（图2.49）为例来说明拉刀各组成部分及其作用。

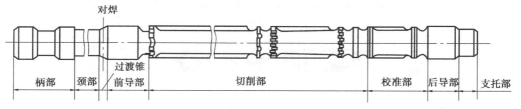

图 2.49　普通圆孔拉刀的构成

①柄部：由拉床的夹头夹住，传递拉力。

②颈部：连接柄部与其后各部分，便于柄部穿过拉床的挡壁。也是打标记的地方。

③过渡锥：引导拉刀逐渐进入工件孔中，并起对准中心的作用。

④前导部：导向，防止拉刀偏斜。

⑤切削部：分担负全部加工余量的切除工件，由粗切齿、过渡齿和精切齿组成，其刀齿直径尺寸自前往后逐渐增大。

⑥校准部：起修光和校准作用，亦可作精切齿的后备齿。

⑦后导部：保持拉刀最后的正确位置，防止拉刀刀齿在切离工件后因自重下垂而损坏已加工表面或刀齿。

⑧支托部：对长而重的拉刀起支撑托起作用。

（3）刀齿几何参数

拉刀刀齿的几何参数如图2.50所示。

1）齿升量

齿升量是指前后相邻两刀齿（或齿组）的高度差或半径差。它是拉刀的重要结构参数。

齿升量的大小影响加工表面质量、拉削力、拉刀磨损、拉刀长度和拉削效率。

齿升量越大,切削齿数越少,拉刀越短,从而降低刀具成本,提高生产率。但齿升量过大,会造成拉削时金属变形加剧,卷屑与排屑困难,拉削力增加,影响拉刀强度和机床负荷,拉削后工件表面质量差。齿升量也不宜过小,因为齿升量过小时,会增大刃口圆弧半径,以及对加工表面的挤压和摩擦,甚至无法切下很薄的金属层,加剧刀齿的磨损。因此,齿升量不宜小于 0.005 mm。

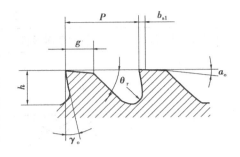

图 2.50　拉刀主要参数

2)前角 γ_0

拉刀的前角根据工件材料选择。工件材料的强度和硬度比较高时,应选小些;反之,则应选大些。一般高速钢拉刀的前角为 5 ~ 20°;硬质合金拉刀的前角为 0 ~ 10°。校准齿基本不切削,其前角可取小些,但为了制造方便,通常与切削齿前角相等。

3)后角 α_0

拉刀的后角很小,一般切削齿后角为 2°30′ ~ 4°,校准齿后角为 30′ ~ 1°30′。因为拉刀重磨时是磨前刀面,如果后角过大,则重磨后拉刀直径减小较快,降低了拉刀的使用寿命。所以一般内拉刀的后角都设计成很小。外拉刀的刀齿高度可以调整,后角可以取大些。

在拉刀刀齿的后刀面上还要做出一段有一定宽度的后角为 0 的刃带 b_{a1},如图 2.50 所示。主要是为了保证拉刀重磨后刀齿直径不变,提高拉削过程的平稳性和便于测量各刀齿直径,提高拉刀的使用寿命。但刃带不宜过宽,否则会加剧与已加工表面的摩擦,降低加工表面质量。

4)齿距 P

齿距 P 是相邻两刀齿间的轴向距离。齿距的大小,主要影响同时工作齿数的多少和容屑槽空间的大小。当齿距过大时,则同时工作齿数过少,会使拉削过程不平稳,降低加工表面质量,同时将增大拉刀长度,降低生产率。如果齿距过小,则容屑空间就会减小,切屑容易堵塞,而且同时工作齿数将增多,致使切削力增大,严重时可能使拉刀折断。

5)容屑槽

容屑槽的形状和尺寸应保证有合理的前角,以使切屑沿前刀面顺利流出和卷曲。容屑槽空间应足够大,刀齿应有足够的强度和较多的重磨次数。目前常用的容屑槽形状有三种,见表 2.6。

(4)拉削方式

拉削方式又称拉削图形。它是指拉削时工件表面的成形方式和加工余量的切除方式。采用何种拉削方式,既影响着刀齿的负荷分配、拉削力、工件表面质量,又影响到拉刀耐用度、拉刀总长等。因此,拉削方式是拉刀设计中应首先确定的一个重要环节。

1)表面成形方式

同廓式拉削的特点是拉刀刀齿的形状与工件的廓形相似,如图 2.51(a)所示。最后一个刀齿决定已加工表面的形状与尺寸。这种拉削方式优点是拉削宽度大、拉削厚度小、拉削后表面质量高,缺点是拉刀齿数多、拉刀较长。另外,它不适于拉削有硬皮铸、锻件,否则刀齿易损。

表2.6 拉刀容屑槽类型及应用

容屑槽类型	容屑槽截面形状	特 点	应 用
直线齿槽型		形状简单,制造容易,但容屑空间较小	主要用在拉削铸铁等脆性材料和采用分层式拉削韧性材料的拉刀上
曲线齿槽型		容屑空间较大,切屑容易卷曲,但制造复杂	主要用在拉削韧性材料和齿升量较大的拉刀上
直线双圆弧齿槽型		容屑空间大,制造较简单	主要用在分块式拉削和齿升量大的拉刀上,目前生产的拉刀大都采用这种槽型

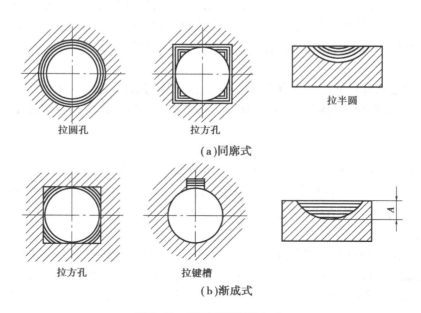

（a）同廓式

拉圆孔　　拉方孔　　拉半圆

（b）渐成式

拉方孔　　拉键槽

图2.51 表面成形拉削方式

渐成式拉削的特点是拉刀刀齿的形状与工件的廓形不相似,如图 2.51(b)所示。工件的表面不是由最后一个刀齿形成,而是由各切削刃包络而成。其优点是拉刀制造简单,缺点是拉削表面质量不及同廓式拉削。

2)加工余量的切除方式

①分层拉削。分层拉削是把加工余量分为若干层,每一刀齿切除其中的一层。

②分块拉削。分块拉削是把加工余量分为若干层,每一层或两层被几个刀齿分段切除。分块拉削又可分为轮切式拉削和综合轮切式拉削。

③轮切式。拉刀的切削部分由若干齿组组成,每一齿组中有 2~5 个刀齿,并切去较厚的一层金属,而每一刀齿只切去该层金属中的若干段。同一齿组内各刀齿无齿升量,但齿组间齿升量较大。在同一齿组内,前后两个刀齿开有交错分布的分屑槽,使切削刃交错分布,第三个刀齿设计成圆环形,直径略小些。图 2.52 所示的拉刀有四组切削刀齿,每组刀齿中包含两个直径相同的刀齿,它们先后切除同一层金属的黑、白两部分余量。

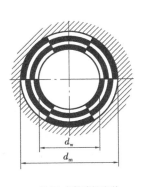

（a）轮切式拉削图形

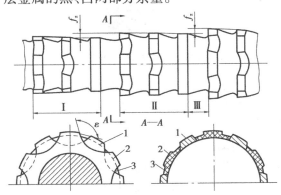

（b）轮切式拉刀(1、2、3—刀齿)

图 2.52　轮切式拉削

轮切式拉刀拉削时,切削厚度较大,切削宽度较小,故拉刀齿数少、长度短,切削效率高。它适用于加工尺寸大、余量大的内孔,还可用来拉削带有硬皮的铸、锻件。

④综合轮切式。综合轮切式拉削综合分层拉削与轮切式拉削的优点。整个切削部分分为粗切齿组、过渡齿组和精切齿组三部分。粗切齿组与过渡齿组采用类似轮切式的刀齿结构,即除第一个刀齿切除第一层加工余量的一半外,从第二个刀齿起,每一刀齿均切除二层加工余量的一半。但粗切齿齿升量较大,过渡齿齿升量逐渐减小,精切齿组采用分层拉削同廓式的刀齿结构,各刀齿的齿升量较小。校准齿组也采用了同廓式的刀齿结构,但各刀齿间无齿升量。

综合轮切式拉刀的优点是:齿升量分布合理,刀齿较少,拉刀长度短,生产效率高,拉削平稳,加工表面质量高。

2.2.5　齿轮刀具

齿轮刀具是专门用于加工齿轮齿形的刀具。在机械制造业中,齿轮广泛应用于各种机器设备中,随着机械装备的精度和质量的要求不断提高,对齿轮的加工要求也越来越高。为了适应齿轮的加工要求,生产中采用不同的齿轮加工方法和不同的齿轮加工刀具。

（1）齿轮刀具的类型

齿轮刀具结构复杂，种类繁多。按照齿轮齿形的形成原理，齿轮刀具可分为成形法齿轮刀具和展成法齿轮刀具两大类。

1）成形法齿轮刀具

这是指刀具切削刃的廓形与被切齿轮槽形相同或近似相同，常用的有盘状齿轮铣刀和指状齿轮铣刀，如图2.53所示。

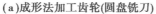

（a）成形法加工齿轮(圆盘铣刀)　　　（b）成形法加工齿轮(指状铣刀)

图2.53　成形法加工齿轮

2）展成法齿轮刀具

这种刀具切削刃廓形不同于被切齿轮任何剖面槽形。切齿时除主运动外，还有刀具与齿坯相对的啮合运动。工件齿形是由刀具齿形在展成运动中若干位置包络形成的。这类刀具加工齿轮精度和生产效率均较高，通用性好。插齿刀、齿轮滚刀、剃齿刀、花键滚刀、锥齿轮刨刀、弧齿锥齿轮铣刀盘等都属展成齿轮刀具，如图2.54所示。

（a）插齿刀　　　　　　　　（b）齿轮滚刀　　　　　　　　（c）剃齿刀

图2.54　展成法齿轮刀具

（2）插齿刀

插齿迄今仍是加工带台肩齿轮、多联齿轮、内齿等的常用方法，即齿轮不能用滚刀加工的情况下采用的齿轮加工方法。插齿加工的精度一般为IT8~7级，表面粗糙度R_a约为1.6 μm。

插齿是利用一对轴线相互平行的圆柱齿轮的啮合原理进行加工的。如图2.55所示，插齿刀的外形像一个齿轮，在每一个齿上磨出前角和后角以形成刀刃。切削时，刀具做上下往复运动，从工件上切下切屑。为了保证在齿坯上切出渐开线的齿形，在刀具做上下往复运动时，通过机床内部的传动系统，强制要求刀具和被加工齿轮之间保持着一对渐开线齿轮的啮合传动关系。在刀具的切削运动和刀具与工件之间的啮合运动的共同作用下，工件齿槽部位的金属被逐步切去而形成渐开线齿形。在插齿加工中，一种模数的插齿刀可以加工出模数相同而齿数不同的各种齿轮。

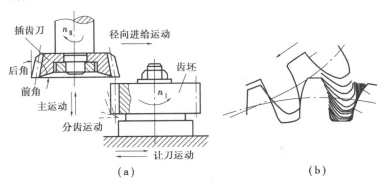

图 2.55　插齿刀的工作原理

(3)齿轮滚刀

滚齿加工是在滚齿机上进行的,图 2.56(a)为滚齿机外形图。滚刀安装在刀架上的滚刀杆上,刀架可沿着立柱垂直导轨上下移动。工件则安装在心轴上。

滚刀的轮廓形状与蜗杆相似,如图 2.56(b)所示。它是围绕刀具圆柱面上形成的螺旋槽及垂直于螺旋槽方向切出的沟槽相交而形成切削刃的,该切削刃近似于齿条的齿形。

如果将齿条制造出切削刃来,有如刨刀一样作上下往复切削运动。当齿条移动一个齿距时,齿坯的分度圆也相应转过一个周节的弧长,就能切出正确的齿形来,如图 2.56(b)所示。但把齿条当作刀具来切齿轮时,有着被切齿轮齿数较多和齿条长度有限的矛盾。将齿条刀的刀齿有规律地分布在圆柱体的螺旋面上,如图 2.56(b)所示,就得到滚刀的外形。

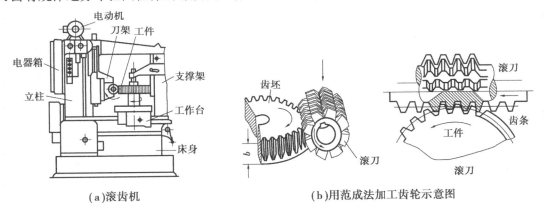

(a)滚齿机　　　　　　　　(b)用范成法加工齿轮示意图

图 2.56　滚齿机与齿轮滚刀

滚齿时,必须保持滚刀刀齿的运动方向与被切齿轮的齿向一致。然而由于滚刀刀齿排列在一条螺旋线上,刀齿的方向与滚刀轴线并不垂直。所以,必须把刀架扳转一个角度使之与齿轮的齿向协调。滚切直齿轮时,扳转的角度就是滚刀的螺旋升角。滚切斜齿轮时,还要根据斜齿轮的螺旋方向以及螺旋角的大小来决定扳转角度的大小及扳转方向。

齿轮滚刀是一种专用刀具,每把滚刀可以加工模数相同而齿数不等的各种大小不同的直齿或斜齿渐开线外圆柱齿轮。

学习工作单

工 作 单	常用机械加工刀具		
任　　务	理解常用机械加工的种类、掌握各种常用机械加工刀具(车刀、铣刀、钻头、拉刀、齿轮加工刀具)的结构和特点;会选用、区别各种常用机械加工刀具		
班　　级		姓　　名	
学习小组		工作时间	6 学时

[知识认知]

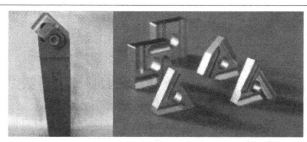

1. 理解机械加工刀具的种类。

2. 熟悉各种常用机械加工刀具(车刀、铣刀、钻头、拉刀、齿轮加工刀具)的结构和特点。

3. 会选用、区别各种常用机械加工刀具。

任务学习其他说明或建议:

指导老师评语:

任务完成人签字:

　　　　　　　　　　　　　　　　　　　　　日期:　　年　　月　　日

指导老师签字:

　　　　　　　　　　　　　　　　　　　　　日期:　　年　　月　　日

任务 2.3 数控加工常用刀具

任务要求

1. 熟悉数控加工刀具的特点。
2. 熟悉数控刀具的结构特点及适用场合。
3. 了解数控刀具的工作原理。

任务实施

数控机床是一种高精度、高自动化的通用型金属切削机床。与普通机床加工方法相比，数控加工对刀具提出了更高的要求，如不仅刚性好、精度高，而且要求尺寸稳定，耐用度高，断屑和排屑性能好；同时要求安装调整方便，以满足数控机床高效率的要求。随着数控机床的发展，数控加工刀具也在不断地发展。数控刀具主要有常规刀具和模块化刀具，其中模块化刀具是主要的发展方向。

2.3.1 数控车床用刀具

与普通车床相类似，数控车床在数控机床中占有相当大的比重。在数控车床上可以高效率、高精度地完成各种带有复杂母线的回转体零件的加工，数控车削中心还能进行铣削、钻削以及各种多边形零件的加工。为了适应数控车削的特点，对数控车削用刀具也提出了新的要求。

（1）数控车削用常规刀具

数控车削车刀常用的一般分成型车刀、尖形车刀、圆弧形车刀三类。成型车刀也称样板车刀，其加工零件的轮廓形状完全由车刀刀刃的形状和尺寸决定。数控车削加工中，常见的成型车刀有小半径圆弧车刀、非矩形车槽刀和螺纹刀等。在数控加工中，应尽量少用或不用成型车刀。

尖形车刀是以直线形切削刃为特征的车刀。这类车刀的刀尖由直线形的主副切削刃构成，如 90°内外圆车刀、左右端面车刀、切槽（切断）车刀及刀尖倒棱很小的各种外圆和内孔车刀。尖形车刀几何参数（主要是几何角度）的选择方法与普通车削时基本相同，但应结合数控加工的特点（如加工路线、加工干涉等）进行全面的考虑，并应兼顾刀尖本身的强度。

圆弧形车刀是以一圆度或线轮廓度误差很小的圆弧形切削刃为特征的车刀。该车刀圆弧刃每一点都是圆弧形车刀的刀尖，因此，刀位点不在圆弧上，而在该圆弧的圆心上。圆弧形车刀可以用于车削内外表面，特别适合于车削各种光滑连接（凹形）的成型面。选择车刀圆弧半径时应考虑车刀切削刃的圆弧半径应小于或等于零件凹形轮廓上的最小曲率半径，以免发生加工干涉。该半径不宜选择太小，否则不但制造困难，还会因刀尖强度太弱或刀体散热能力差而导致车刀损坏。

（2）数控车削用可转位刀具

数控车床与普通车床用的可转位车刀，一般无本质的区别，其基本结构、功能特点是相同的。但数控车床工序是自动化的,因此,对用于其上的可转位车刀的要求侧重点又有别于普通车床的刀具,具体要求和特点见表2.7。

表 2.7　数控车床用可转位车刀的要求和特点

要　求	特　点	目　的
精度高	刀片采用 M 级或更高精度等级的,刀杆多采用精密级的,用带微调装置的刀杆在机外预调好	保证刀片重复定位精度,方便坐标设定,保证刀尖位置精度
可靠性高	采用断屑可靠性高的断屑槽型或有断屑台和断屑器的车刀,采用结构可靠的车刀,采用复合式夹紧结构和夹紧可靠的其他结构	断屑稳定,不能有紊乱和带状切屑;适应刀架快速移动和换位以及整个自动切削过程中夹紧不得有松动的要求
换刀迅速	采用车削工具系统,采用快换小刀架	迅速更换不同形式的切削部件,完成多种切削加工,提高生产效率
刀片材料	刀片较多采用涂层刀片	满足生产节拍要求,提高加工效率
刀杆截形	刀杆较多采用正方形刀杆,但因刀架系统结构差异大,有的需采用专用刀杆	刀杆与刀架系统匹配

(3)模块化刀具

模块化刀具为数控车削加工中常用的刀具,其中各种车刀都是镶嵌式的模块化刀具。数控车削刀具的夹持部分为方形刀体(加工外表面)或圆柱刀杆(加工内表面)。方形刀体一般采用槽形刀架螺钉紧固方式固定,圆柱刀杆用套筒螺钉紧固方式固定。它们与机床刀盘之间是通过槽形刀架和套筒接杆来连接的。在模块化车削工具系统中,刀盘的连接以齿条式柄体连接为多,而刀头与刀体的连接是"插入快换式系统"(即 BTS 系统,符合 ISO 5608—80 标准)。

刀架是数控车床非常重要的部件。数控车床根据其功能,刀架上可安装的刀具数量一般为 8、10、12 或 16 把,有些数控车床可以安装更多的刀具。如图 2.57 所示,每个刀位上都可以径向装刀,也可以轴向装刀。外圆车刀通常安装在径向,内孔车刀通常安装在轴向,但也可以按需要灵活使用。径向装刀时,刀具插入刀盘的方槽中,方槽的高度尺寸略大于刀杆的高度尺寸(两者之间大约有 0.3 mm 的间隙)。旋转刀盘端面的螺钉,即可将刀具的杆部锁紧。轴向装刀时,采用套筒的方式,固定在方槽中。

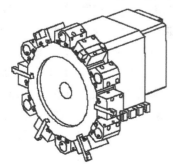

图 2.57　数控车床用刀架

模块化刀具的主要优点有：缩短换刀停机时间，加快换刀速度；提高刀具的标准化、合理化程度；扩大刀具的利用率，充分发挥刀具的性能；有效消除刀具测量工作中的中断现象，并可采用线外预调。

2.3.2　数控铣床用刀具

数控铣削是机械加工尤其是模具型腔和型芯加工中最常用也是最主要的数控加工方法之一，它除了能铣削普通铣床所能铣削的各种零件表面外，还能铣削普通铣床不能铣削的各种平面轮廓和立体轮廓。

（1）对数控铣刀的基本要求

铣刀刚性要好，耐用度要高，这是对数控铣刀的最基本要求。除此之外，铣刀切削刃的几何参数的合理选择及排屑性能也非常重要，必须予以重视。

刚性好的两个目的：一是满足为提高生产率而采用大切削用量的需要；二是适应数控铣削过程中难以调整切削用量的特点。例如，当工件各处的加工余量相差悬殊时，普通铣床很容易"随机应变"，采用分层铣削加以处理；而数控铣削除非在编程时已做考虑，否则就要用改变切削面高度或改变刀具半径补偿的方法从头做起，这样就会造成余量少的地方经常空程，从而降低了加工效率。再者，在普通铣床上加工时，遇到刚性不好的铣刀，比较容易从振动、手感方面及时发现并做出调整加以弥补，数控铣削则难以办到。

（2）常用数控铣刀

数控铣床上常用的铣刀有面铣刀、立铣刀、键槽铣刀、模具铣刀、鼓形铣刀和成形铣刀等，见表 2.8。除此之外，数控铣床也可使用各种通用铣刀。

表 2.8　常用数控铣刀的特点及应用场合

名称	图　例	应用场合	特　点
面铣刀		用于粗、精铣削各种大平面	采用镶齿式结构，刀齿采用硬质合金制成，生产效率高，加工表面质量高
立铣刀		立铣刀是数控铣床上用得最多的一种铣刀，由于普通立铣刀端面中心处无切削刃，所以普通立铣刀不能作轴向进给，端面刃主要用来加工凹槽、阶台面	数控立铣刀一般做成螺旋刀齿，这样可以增加切削加工的平稳性，提高加工精度。数控立铣刀的圆柱表面和端面上都有刀齿，圆柱表面的切削刃为主切削刃，端面上的切削刃为副切削刃，它们可同时进行切削，也可单独进行切削
键槽铣刀		用于加工圆头封闭键槽	有两个刀齿，圆柱面和端面都有切削刃，端面刃延至中心，既像立铣刀，又像钻头，可作径向和轴向进给

续表

名称	图 例	应用场合	特 点
模具铣刀	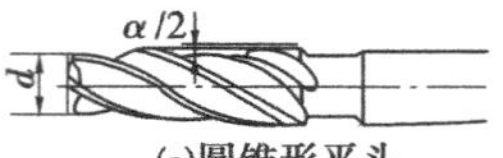 (a)圆锥形平头 (b)圆柱形球头 (c)圆锥形球头	用于加工模具型腔或凸模成形表面	由立铣刀演变而成的。按工作部分外形可分为圆锥形平头、圆柱形球头、圆锥形球头三种
鼓形铣刀	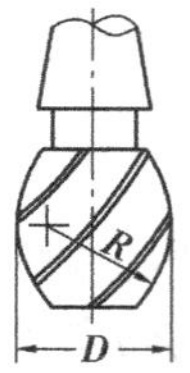	多用来对飞机结构件等零件中与安装面倾斜的表面进行三坐标加工	铣刀的切削刃分布在圆弧面上,端面无切削刃。加工时通过控制刀具上下位置,相应改变刀刃的切削部位,可在工件上切出由负到正的不同斜角
成形铣刀	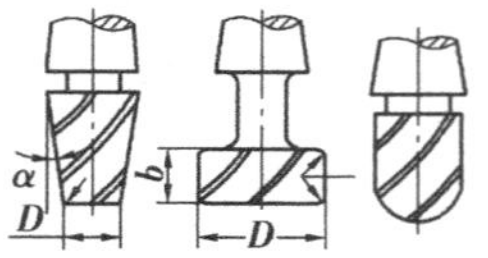	是根据工件的成形表面形状而设计切削刃廓形的专用成形刀具	是为特定的工件或加工内容专门设计制造的刀具

2.3.3 数控加工中心用刀具

数控加工中心是目前世界上产量最高、应用广泛的数控机床之一。它主要用于箱体类零件、复杂曲面零件的加工,能把铣削、镗削、钻削、螺纹等功能集中在一台设备上。因为它具有自动选刀、换刀功能,所以工件经一次装夹后,可自动完成或接近完成工件各表面的所有加工工序。

（1）数控加工中心常用刀具

数控加工中心常用的刀具按加工方式不同可分为钻削刀具、镗削刀具、铣削刀具、铰削刀具和螺纹加工刀具,见表2.9。

表2.9 数控加工中心常用刀具

名 称	图 例	应用场合
钻削刀具	 中心钻 　标准麻花钻 　扩孔钻  Driver驱动柄　Shank刀身 枪钻　Tip钻刃	钻削是数控加工中心在实心材料上加工孔的常见方法。钻削还用于扩孔和钳孔加工。在数控加工中心上经常使用的钻削刀

名　　称	图　　例	应用场合
镗削刀具	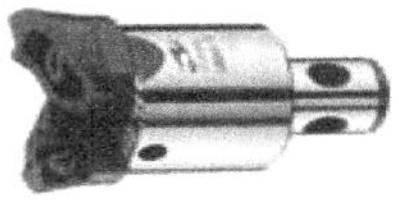 双刃镗刀	镗削是数控加工中心粗、精加工大尺寸孔的常见方法。采用的镗刀按切削刃数量可分为单刃镗刀和双刃镗刀
铣削刀具	 半圆键槽铣刀   T型槽铣刀 　凸半圆铣刀  直柄立铣刀 不对称型角铣刀 　直铣刀	这是数控加工中心上进行各类表面加工的主要刀具,种类众多,主要包括端铣刀、立铣刀、盘形铣刀和成形铣刀等
铰削刀具	 带刃倾角的铰刀  螺旋齿铰刀	铰刀主要用于孔的精加工和高精度孔的半精加工。数控加工中心广泛应用带负刃倾角的铰刀和螺旋齿铰刀
螺纹加工刀具	螺旋槽丝锥 刃倾角丝锥  挤压丝锥 直槽丝锥 	数控加工中心一般使用丝锥作为螺纹加工刀具

（2）刀柄及工具系统

数控加工中心使用的刀具种类繁多,而每种刀具都有特定的结构及使用方法。要想实现刀具在主轴上的固定,必须有一个中间装置,该装置必须既能够装夹刀具又能在主轴上准确定位。装夹刀具的部分叫工作头,而安装工作头且直接与主轴接触的标准定位部分就是刀柄,如图2.58所示。

图2.58　刀柄与拉钉

数控加工中心使用的刀具通过刀柄与主轴相连,刀柄通过拉钉和主轴内的拉刀装置固定在主轴上,由刀柄夹持传递速度、扭矩,如图2.59所示。刀柄的强度、刚性、耐磨性、制造精度以及夹紧力等对加工有直接的影响。

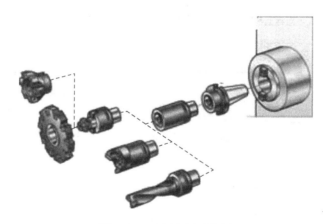

图2.59　刀柄作用示意图

有些场合,通用刀柄已不能满足加工的要求,近年来已开发出了一些特殊刀柄,例如增速刀柄、内冷却刀柄、转角刀柄、多轴刀柄、双面接触刀柄和接触式测头刀柄等。这些刀柄的出现进一步提高了加工效率,满足了特殊的加工要求。

刀柄与主轴孔的配合锥面一般采用7:24的锥度。这种锥柄不自锁,换刀方便,与直柄相比有较高的定心精度和刚度。为了保证刀柄与主轴的配合与连接,刀柄与拉钉的结构和尺寸均已标准化和系列化,在我国应用最为广泛的是BT40和BT50系列刀柄和拉钉。

工具系统是针对数控机床要求与之配套的刀具必须可换和高效切削而发展起来的,是刀具与机床的接口。除了刀具本身外,它还包括实现刀具快换所必需的定位、夹紧、抓拿及刀具保护等机构。20世纪70年代,工具系统以整体结构为主,80年代初开发出了模块式结构的工具系统(分车削和镗铣两大类),80年代末开发出了通用模块式结构(车、铣、钻等万能接口)的工具系统。模块式工具系统将工具的柄部和工作部分分割开来,制成各种系统化的模块,然后经过不同规格的中间模块,组成一套套不同规格的工具。目前世界上模块式工具系统有几十种结构,其区别主要在于模块之间的定位方式和锁紧方式不同。

数控加工中心的工具系统一般由钻削系统、镗铣系统等组成,由于内容繁多,工具系统一般用图谱来表示,如图2.60所示。限于篇幅,本课题不作介绍,请参考相关资料。

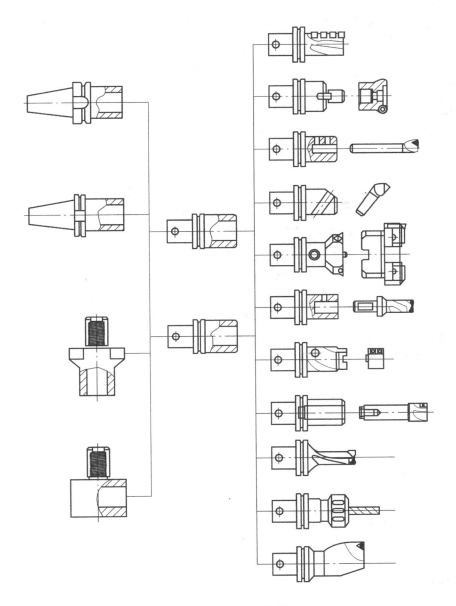

图2.60　工具系统谱

学习工作单

工 作 单	数控加工刀具的认识		
任　　务	理解数控加工刀具的特点,熟悉数控刀具的结构特点及适用场合,了解数控刀具的工作原理		
班　　级		姓　　名	
学习小组		工作时间	2

[知识认知]

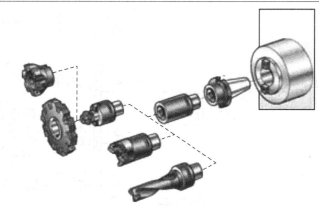

1. 数控加工刀具的特点。

2. 熟悉数控刀具的结构特点及适用场合。

3. 了解数控刀具的工作原理。

任务学习其他说明或建议:

指导老师评语:

任务完成人签字:

　　　　　　　　　　　　　　　　　　　　　　　　　日期:　　年　　月　　日

指导老师签字:

　　　　　　　　　　　　　　　　　　　　　　　　　日期:　　年　　月　　日

任务2.4　车刀的刃磨

任务要求

1. 理解砂轮的使用方法。
2. 熟悉刀具的刃磨步骤。
3. 掌握刀具刃磨的技巧和方法。

任务实施

正确刃磨车刀是车工必须掌握的基本功之一。如果只懂得切削原理和刀具角度的选择知识还是不够的,还要懂得如何正确地掌握车刀的刃磨技术,否则合理的切削角度仍然不能在生产实践中发挥作用。

车刀的刃磨一般有机械刃磨和手工刃磨两种。机械刃磨效率高、质量好、操作方便,在有条件的工厂已应用较多。手工刃磨灵活,对设备要求低,目前仍普遍采用。对于一个车工来说,手工刃磨是基础,是必须掌握的基本技能。

2.4.1　砂轮的选择

目前,工厂中常用的磨刀砂轮有两种:一种是氧化铝砂轮,另一种是绿色碳化硅砂轮。刃磨时必须根据刀具材料来决定砂轮的种类。氧化铝砂轮的砂粒韧性好,比较锋利,但硬度稍低,用来刃磨高速钢车刀和硬质合金车刀的刀杆部分。绿色碳化硅砂轮的砂粒硬度高,切削性能好,但较脆,用来刃磨硬质合金车刀。

2.4.2　磨刀的步骤与方法

现以主偏角为90°的钢料车刀(YT15)为例,介绍手工刃磨的步骤如下:

1)去焊渣

先把车刀前刀面、后刀面上的焊渣磨去,并磨平车刀的底平面。磨削时采用粗粒度(粒度号为白 F24～F36)的氧化铝砂轮。

2)粗磨主后刀面和副后刀面的刀杆部分

其后角应比刀片后角大2°～3°,以便刃磨刀片上的后角。磨削时应采用粗粒度(粒度号为 F24～F36)的氧化铝砂轮。

3)粗磨刀片上的主后刀面和副后刀面

粗磨出的主后角、副后角应比所要求的后角大2°左右。刃磨时采用粗粒度(粒度号为 F36～F60)的绿色碳化硅砂轮。

4)磨断屑槽

为使切屑碎断,一般要在车刀前面磨出断屑槽。断屑槽一般有三种形状,即直线形、圆弧形和直线圆弧形。如刃磨圆弧形断屑槽的车刀,必须先把砂轮的外圆与平面的交角处用修砂轮的金钢石笔(或用硬砂条)修整成相适应的圆弧。如刃磨直线形断屑槽,砂轮的交角就必须修整得很尖锐。刃磨时,刀尖可向下或向上磨。

刃磨断屑槽是刃磨车刀时最难掌握的,要注意以下几点:

①磨断屑槽的砂轮交角处应经常保持尖锐或具有很小的圆角。当砂轮上出现较大的圆角时,应及时用金刚石笔修整砂轮。

②刃磨时的起点位置应跟刀尖、主切削刃离开一小段距离。不能一开始就直接刃磨到主切削刃和刀尖上,而使刀尖和切削刃磨坍。

③刃磨时不能用力过大。车刀应沿刀杆方向上下缓慢移动。

磨断屑槽可以在平面砂轮和杯形砂轮上进行。对尺寸较大的断屑槽,可分粗磨和精磨两次刃磨,尺寸较小的断屑槽可一次磨削成形。精磨断屑槽时,有条件的工厂可在金刚石砂轮上进行。

5)精磨主后刀面和副后刀面

刃磨时,将车刀底平面靠在调整好角度的搁板上,并使切削刃轻轻靠住砂轮的端面,车刀应左右缓慢移动,使砂轮磨损均匀,车刀刃口平直。精磨时采用杯形、粒度为 F180 ~ F200 的绿色碳化硅砂轮或金刚石砂轮。

6)磨负倒棱

为强固切削刃,加工钢料的硬质合金车刀一般要磨出负倒棱,倒棱的宽度一般为 $b = (0.5 \sim 0.8)f$;负倒棱前角为 $\gamma_0 = -5° \sim -10°$。

磨负倒棱用力要轻微,车刀要沿主切削刃的后端向刀尖方向摆动。磨削方法可以采用直磨法和横磨法。为保证切削刃质量,最好用直磨法。采用的砂轮与精磨后刀面时相同。

7)磨过渡刃

过渡刃有直线形和圆弧形两种,刃磨方法和精磨后刀面时基本相同。刃磨车削较硬材料的车刀时,也可以在过渡刃上磨出负倒棱。对于大进给量车刀,可用相同的方法在副切削刃上磨出修光刃,采用的砂轮与精磨后刀面时的相同。

2.4.3 车刀的手工研磨

刃磨后的切削刃有时不够平滑光洁,刃口呈锯齿形。使用这样的车刀,切削时会直接影响工件表面粗糙度,而且降低车刀寿命。对于硬质合金车刀,在切削过程中还容易产生崩刃现象。所以,对手工刃磨后的车刀,还可以用磨石进行研磨。研磨后的车刀,应消除刃磨后的残留痕迹。

用磨石研磨车刀时,手持磨石要平稳。磨石跟车刀被研磨表面接触时,要贴平需要研磨的表面平稳移动,推时用力,回时不用力。研磨后的车刀,应消除刃磨的残留痕迹,刃面的表面粗糙度应达到要求。

2.4.4 磨刀的注意事项和安全知识

为了保证刃磨质量和刃磨安全,必须做到以下几点:

①新装的砂轮必须经过严格检查。新砂轮未装前,要先用硬木轻轻敲击,试听是否有碎裂声。安装时必须保证装夹牢靠,运转平稳,磨削表面不应有过大的跳动。砂轮的旋转速度应根据砂轮允许的线速度(一般 35 m/s)选取,过高会爆裂伤人,过低又会影响刃磨效率和质量。

②砂轮磨削表面必须经常修整,使砂轮的外圆及端面没有明显的跳动。平形砂轮一般可用"砂轮刀"修整,杯形细砂轮可用金刚石笔或硬砂条修整。

③必须根据车刀材料来选择砂轮种类,否则达不到良好的刃磨效果。

④刃磨硬质合金车刀时,不可把刀头部分入水中冷却,以防止刀片因突然冷却而破裂。刃磨高速钢车刀时,不能过热,应随时用水冷却,以防止切削刃退火。

⑤刃磨时,砂轮旋转方向必须是刃口向刀体方向转动,以免造成刀刃出现锯齿形缺陷。

⑥用平行砂轮磨刀时,应尽量避免使用砂轮的侧面;用杯形砂轮磨刀时,不要使用砂轮的外圆或内圆。

⑦刃磨时,手握车刀要平稳,压力不能过大,要不断作左右移动,一方面使刀具受热均匀,防止硬质合金刀片产生裂纹或高速钢车刀退火;另一方面使砂轮不致因固定磨某一处,而在表面出现凹槽。

⑧角度导板必须平直,转动的角度要求正确。

⑨磨刀结束后,应随手关闭砂轮机电源。

⑩磨刀时,操作者应尽量避免正面对着砂轮,应站在砂轮的侧面,这样可以防止砂粒飞入眼内或万一砂轮碎裂飞出伤人。磨刀时最好戴好防护眼镜,如果砂粒飞入眼中,不能用手去擦,应立即去卫生室处理。

⑪磨刀时不能用力过猛,以免由于打滑而磨伤手。

⑫砂轮必须装有防护罩。

⑬磨刀用的砂轮,不准磨其他物件。

学习工作单

工 作 单	车刀刃磨		
任 务	理解砂轮的使用方法,熟悉刀具的刃磨步骤,掌握刀具刃磨的技巧和方法,会使用刀具角度测量台		
班 级		姓 名	
学习小组		工作时间	6
[知识认知]			

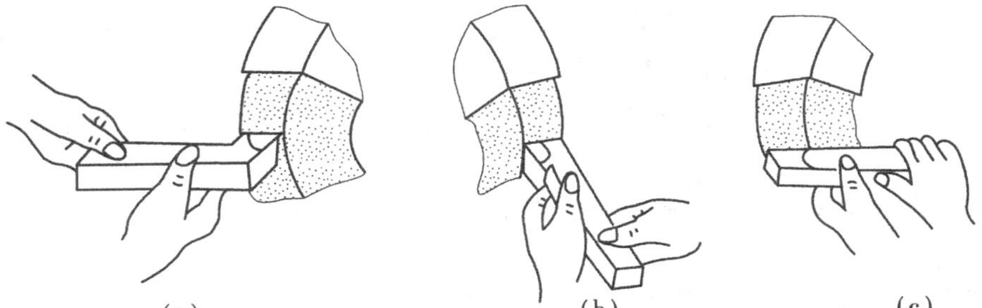

(a)　　　　　　　(b)　　　　　　　(c)

续表

1. 理解砂轮的使用方法。 2. 熟悉刀具的刃磨步骤。 3. 掌握刀具刃磨的技巧和方法。 4. 使用刀具角度测量台测量刀具角度。	
任务学习其他说明或建议:	
指导老师评语:	
任务完成人签字:	日期： 年 月 日
指导老师签字:	日期： 年 月 日

实践与训练

一、填空题

1. 金属切削加工必备的运动有两种,即_____和_____,其中在车床上主轴的旋转运动是_____,刀具的沿工件轴线和直径方向的直线运动是_____。

2. 在切削过程中,工件上的金属层不断地被切除而变成切屑,同时在工件上形成新的表面,它们是_____、_____、_____。

3. 常在正交平面参考系中测量刀具静止角度,其组成平面有_____、_____和正交平面。

4. 外圆车刀有_____个独立角度,它们是_____、_____、_____、_____、_____、_____。

5. 切削速度、进给量和背吃刀量被称为切削三要素。在切削过程中,对切削力影响最明显的是_____,对切削温度影响最明显的是_____,对已加工表面粗糙度影响最明显的是_____。

6.切削加工中使用最多的刀具切削部分的材料是_____和_____两种。其中，_____刀具在工切削过程中必须使用切削液，而_____刀具在切削过程中一般不用切削液。

7.切削液的作用有_____、_____、_____和_____；切削过程中常用的切削液有_____、_____、_____三种，其中磨削加工时，常采用_____和_____，以降低磨削时的温度及清洗切屑。

二、判断题

1.切削过程中发生积屑瘤的主要因素是切削温度。　　　　　　　　　　　　（　　）

2.增大主偏角可以增加散热面积，所以在其他条件不变的情况下，增大主偏角可以降低切削温度。　　　　　　　　　　　　　　　　　　　　　　　　　　　　（　　）

3.切削用量的三个要素对切削力影响与对切削温度的影响是相同的。　　　（　　）

4.精加工时，采用刃倾角大于零的刀具，会使切屑流向待加工表面，从而保护工件的已加工表面。　　　　　　　　　　　　　　　　　　　　　　　　　　　　（　　）

5.切削加工过程中适当增大前角，可以抑制积屑瘤和鳞刺的产生，提高已加工表面的质量。　　　　　　　　　　　　　　　　　　　　　　　　　　　　　　（　　）

6.硬质金钢刀具可以采用较大的前角，从而使刀具刃口较锋利。　　　　　（　　）

7.在精加工时，为了减小背向力提高零件的表面质量，可以选取较大的主偏角和正的刃倾角。　　　　　　　　　　　　　　　　　　　　　　　　　　　　　　（　　）

8.精加工时，所选择的切削速度应尽量避开容易产生积屑瘤和鳞刺的区域，以保证加工精度。　　　　　　　　　　　　　　　　　　　　　　　　　　　　　　（　　）

三、选择题

1.正交平面与基面和切削平面的关系是（　　　　）。

　　A.垂直　　　　　　　　B.平等　　　　　　　　C.斜交

2.测量刀具的静止角度时，α_0'应在（　　　　）内测量。

　　A.P_0'　　　　　　　　B.P_0　　　　　　　　C.P_n

3.在加工大导程螺纹时，刀具实际切削后角相对于后角会（　　　　）。

　　A.增大　　　　　　　　B.减小　　　　　　　　C.不变

4.在切槽时，若刀具的安装高度低于其中心高，则会使得切削过程的实际后角（　　　　）。

　　A.增大　　　　　　　　B.不变　　　　　　　　C.减小

5.切削过程中，在其他条件不变的情况下，增大前角，可使切削力（　　　　）。

　　A.增大　　　　　　　　B.减小　　　　　　　　C.不变

6.在下列各项中，采取哪项措施可以减小背向力 F_p？（　　　　）

　　A.增大 K_γ　　　　　B.减小 K_γ'　　　　C.增大 f

7.在下列各因素中，对切削温度影响最明显的是（　　　　）。

　　A.背吃刀量　　　　　　B.切削速度　　　　　　C.进给量

8.在下列各项参数中，（　　　　）可以降低残留面积高度。

　　A.增大 K_γ　　　　　B.减小 K_γ'　　　　C.增大 f

四、综合题

1. 如图 2.61 所示为刨削、车内孔、钻削加工示意图。试在图中标示出过渡表面、待加工表面、已加工表面。

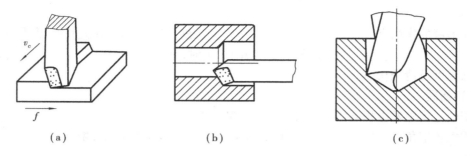

(a)　　　　　　　　(b)　　　　　　　　(c)

图 2.61　几种切削方式

2. 某外圆车刀,已知 $\kappa_r = 75°$、$\kappa_r' = 14°$、$\gamma_0 = -8°$、$\alpha_0 = +8°$、$\lambda_s = -4°$、$\alpha_0 = +6°$,试绘制刀具切削部分视图并标注角度。

项目 **3**
机械加工的工件装夹

项目概述

本项目是解决零件加工时如何定位、夹紧,保证加工质量要求的重要部分。本项目讲解零件定位、夹紧和装夹的概念,机床夹具组成及工作原理,要求学生理解零件加工时如何定位、夹紧和装夹的含义,掌握机床夹具组成、功能及工作原理。

项目内容

机床夹具概述、工件的定位基本原理、工件的夹紧、专用夹具。

项目目标

理解机床夹具组成、功能及工作原理,会使用机床夹具解决零件加工时如何定位、夹紧,保证加工质量要求。

任务 3.1 机床夹具认识

任务要求

1. 理解定位、夹紧和装夹的含义。
2. 熟悉机床夹具以及夹紧工件的定位方法。
3. 掌握机床夹具组成和分类。
4. 通过现场参观,了解机床夹具实际应用和特点。通过绘制所了解的机床夹具,掌握其功能及工作原理。

任务实施

夹具分为机床夹具、热处理夹具、焊接夹具、装配夹具、检验夹具等。本书所提到的夹具是指在各类金属切削机床上使用的、用于迅速而准确地装夹工件、引导刀具的机床夹具。夹具是一种重要的机械加工工艺装备。

3.1.1 定位、夹紧和装夹的含义

①定位:使工件在机床或夹具上占据某一正确位置的过程称为定位。

②夹紧:工件定位后将其固定,使之在加工过程中保持定位位置不变的操作称为夹紧。

③装夹:工件定位、夹紧的过程合称为装夹,也称为安装。

定位与夹紧的区别:定位的任务是使工件相对于机床和刀具占据正确的位置;夹紧的任务是使工件保持定位过程所获得的正确位置在外力等因素的作用下不发生变化。在工件装夹过程中,定位和夹紧是合二为一、缺一不可的。

3.1.2 工件定位的方法

为了保证工件加工要求,在加工之前,首先必须使工件相对于刀具和机床处于正确的加工位置。工件定位的方法有三种:

(1)直接找正定位法

直接找正定位法即在机床上利用划针或百分表等测量仪器或工具直接找正工件位置。如图3.1所示,用四爪卡盘装夹工件加工偏心孔 C。为保证孔 C 的中心线与偏心外圆 B 的中心同轴,可用百分表找正,使外圆 B 机床主轴回转中心同轴,然后加工孔 C,即可保证 C、B 同轴。此方法生产效率低,精度取决于操作者的技术水平和测量工具的精度,一般用于单件小批量生产。

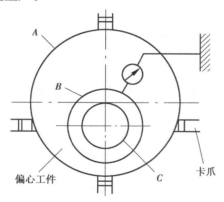

图3.1　工件的直接找正定位

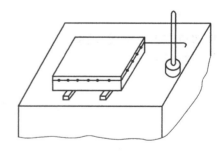

图3.2　划线找正法示例

(2)划线找正定位法

划线找正定位法即先根据工序见图在工件上划出中心线、对称线和加工表面的位置线,然后在机床上按划好的线找正工件位置,如图3.2所示。此方法生产率低、精度低,一般用于批量不大的工件加工。当所选的毛坯为形状复杂、尺寸偏差较大的铸件或锻件时,在加工阶段的初期,为了合理分配加工余量,经常采用划线找正定位法。

(3)机床夹具定位法

机床夹具定位法即通过工件定位基准面与夹具定位元件的定位面接触或配合,使工件在夹具中占据正确位置,从而使工件相对于刀具和机床具有正确的加工位置。采用夹具定位法,无须在工件上划线,一般也不需要使用测量仪器或工具,使工件定位方便、快速、准确。因此,在中批以上生产中广泛采用夹具定位法。

3.1.3　机床夹具在机械加工中的作用

在机械加工中,使用机床夹具的目的主要有以下 6 个方面。在不同的生产条件下,有不同的侧重点。

①能稳定地保证工件的加工精度。用夹具装夹工件时,工件相对刀具、机床的位置由夹具保证,不受划线质量及人为技术水平的影响,不仅精度高,而且稳定可靠。

②能提高生产率。使用夹具后,能使工件迅速地定位和夹紧、显著地缩短辅助时间。

③可减轻劳动强度。用夹具装夹工件方便、省力、安全,当采用气动、液动、电动等力源时,能显著地减轻工人的劳动强度。

④能降低生产成本。在批量生产中使用夹具时,由于劳动生产率的提高和允许使用技术等级较低的工人操作,故可明显地降低生产成本。但在单件生产中,使用夹具的生产成本仍较高。

⑤能扩大机床的工艺范围。这是在生产条件有限的企业中常用的一种技术改造措施。如图 3.3 所示,将夹具安装在车床的拖板 4 上,镗杆 2 采用三爪自定心卡盘 1 及后顶尖 5 支承,并由卡盘带动镗杆回转实现主运动,拖板使夹具连同工件纵向移动实现进给运动,最终在车床上完成镗孔加工。借助夹具达到了"以车代镗"的目的。

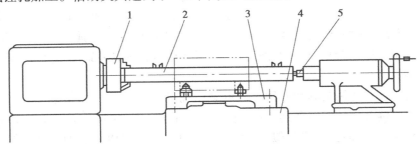

图 3.3　在车床上镗箱体阶梯孔示意图
1—三爪自定心卡盘;2—镗杆;3—夹具;4—拖板;5—后顶尖

3.1.4　机床夹具的组成

(1)定位装置

定位元件及其组合构成定位装置,其作用是确定工件在夹具中的位置。

(2)夹紧装置

夹紧装置的作用是保证工件在夹具中的准确位置不会因外力作用而发生变化,使加工顺利进行。

(3)连接元件

连接元件用以确定夹具本身在机床上的位置,如车床夹具所使用的过渡盘,铣床夹具所使用的定位键等都是连接元件。

(4)导向、对刀元件

确定刀具位置并引导刀具进行加工时需要使用导向元件,如钻床夹具上的钻套、镗床夹具中的镗套;而铣床夹具中的对刀块是典型的对刀元件,根据它来快速调整刀具相对于夹具的位置。

（5）其他装置或元件

为了满足加工要求及提高夹具的使用性能，有些夹具上还设有分度装置、靠模装置、预定位装置、上下料装置、顶出装置、平衡块、吊装元件等。

（6）夹具体

夹具体是夹具的基础件，上述元件或装置在夹具体上安装后组成一个有机整体，以实现夹具在机械加工过程中的作用。

3.1.5　机床夹具的分类

（1）按夹具的通用特性分类

1）通用夹具

通用夹具是指结构、尺寸已规格化，且具有一定通用性的夹具，如三爪自定心卡盘、四爪单动卡盘、台虎钳、万能分度头、顶尖、电磁吸盘等。这类夹具已商品化，成为机床附件，其特点是适应性强、不需调整或稍加调整即可装夹一定形状和尺寸范围内的各种工件。采用这类夹具可缩短生产准备周期，减少夹具品种。但是，这类夹具的加工精度不高，生产率也较低，且不适宜装夹形状复杂的工件，故适用于单件小批量生产中。

2）专用夹具

专用夹具是针对某一工件的某一工序加工要求而专门设计和制造的夹具。其特点是针对性极强，在产品相对稳定、批量较大的生产中，常使用各种专用夹具以提高生产率和加工精度。由于设计制造周期较长，且没有通用性，专用夹具不能适应多品种小批量生产的要求。

3）可调夹具

可调夹具是针对通用夹具和专用夹具的缺陷而发展起来的一类新型夹具。这类夹具一般可分为通用可调夹具和成组夹具两种，它们的共同特点是：在加工完一种工件后，经过调整或更换个别元件，即可加工形状相似、尺寸相近或加工工艺相似的多种工件。但通用可调夹具的加工对象并不很确定，其适用范围较大，而成组夹具则是专门为成组加工工艺中某一族（组）工件而设计、制造的，其针对性强，加工对象及适用范围明确，结构更为紧凑。它是能使小批量生产获得近似于大批量生产的技术经济效果的有效措施，是工艺装备发展方向之一。

4）组合夹具

组合夹具是指按某一工件的某道工序的加工要求，由一套事先准备好的通用标准元件及合件组成的夹具。这种夹具因重复性好、组装周期短的优势，特别适用于新产品试制及在多品种、小批量生产中使用。

5）自动线夹具

自动线夹具一般分为两种：一种为固定式夹具，它与专用夹具相似；另一种为随行夹具，使用中夹具随着工件一起运动，并将工件沿着自动线从一个工位移至下一个工位进行加工。

（2）按夹具使用的机床分类

夹具按使用的机床不同可分为：车床夹具、铣床夹具、钻床夹具、镗床夹具、磨床夹具、齿轮机床夹具、拉床夹具等。

（3）按夹紧力源分类

夹具按夹紧力源的不同分为：手动夹具、气动夹具、液动夹具、气液增压夹具、电动夹具、磁力夹具、真空夹具、离心夹具等。

学习工作单

工　作　单	机床夹具认识		
任　　务	了解定位、夹紧和装夹的含义；熟悉机床夹具以及夹紧工件的定位方法。掌握机床夹具组成和分类		
班　级		姓　名	
学习小组		工作时间	2 学时

[知识认知]

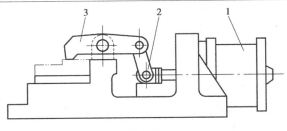

铣夹具

1. 叙述定位和夹紧的含义。
2. 分组说明机床夹具及夹紧工件的定位方法。
3. 描述机床夹具的组成。
4. 简述机床夹具的分类。

任务学习其他说明或建议：

指导老师评语：

任务完成人签字：

　　　　　　　　　　　　　日期：　年　　月　　日

指导老师签字：

　　　　　　　　　　　　　日期：　年　　月　　日

任务 3.2 工件的定位基本原理

任务要求

1. 了解六点定位的基本规则。
2. 掌握工件在夹具中应限制自由度数的依据。
3. 掌握定位方式的分类。
4. 利用实例说明六点定位的应用。
5. 通过实习认识定位方式的常见类型。

任务实施

任何一个工件在未定位之前,都可以看成是空间位置不确定的自由物体,可以向任何方向移动或转动。工件所具有的这种运动的可能性,称为工件的自由度。将未定位的工件(长方体)放在空间直角坐标系中,长方体可以沿 X、Y、Z 轴移动不同的位置,也可以绕 X、Y、X 轴转动不同的位置。

3.2.1 六点定位规则

如图 3.4 所示,如果把工件放在空间直角坐标系中来描述,则工件具有 6 个自由度:沿 x、y、z 轴移动和绕 x、y、z 轴转动的 6 个自由度,可分别用 $\vec{x}$、$\vec{y}$、$\vec{z}$ 表示沿 x、y、z 轴移动的自由度,用 $\hat{x}$、$\hat{y}$、$\hat{z}$ 表示沿 x、y、z 轴转动的自由度。

欲使工件沿某方向的位置确定,就必须限制该方向的自由度。实现的方法是:设空间具有一个支承点,并使工件与该支承点始终保持接触才能达到位置确定。若要工件在夹具中占据完全确定的位置,就必须限制 6 个自由度。

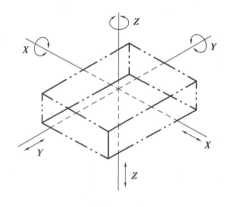

图 3.4 工件的 6 个自由度

通常,一个支承点限制工件一个自由度,用适当分布的 6 个支承点限制 6 个自由度,使工件在夹具中的位置完全确定,这就是"六点定位规则",简称"六点定则"。

3.2.2 确定工件在夹具中应限制自由度数的依据

上面所述六方体工件、轴类工件和盘类工件在夹具中限制了 6 个自由度,其位置被完全确定下来。而在实际加工中,由于工件形状及加工要求各不相同,需限制的自由度数目也就有所不同。确定工件在夹具中应限制自由度数的依据主要有两个:

(1)工件的工序加工要求

如图 3.5(a)所示,本工序要求铣削工件顶面,保证尺寸 $H \pm \Delta H$ 和平行度,其余表面均已加工。为了保证 $H \pm \Delta H$,应限制 $\vec{z}$、$\hat{x}$、$\hat{y}$;为了达到平行度要求,应限制 $\hat{x}$、$\hat{y}$。因此,要满足工序加工要求,限制工件的 $\vec{z}$、$\hat{x}$、$\hat{y}$ 三个自由度即可。

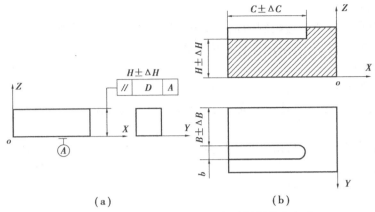

图 3.5　保证工件工序加工要求需限制的自由度

如图 3.5(b)所示,在工件上铣不同槽,其余表面均已加工。为保证尺寸 $H \pm \Delta H$,应限制工件的 $\vec{z}$、$\hat{x}$、$\hat{y}$;为保证尺寸 $B \pm \Delta B$,应限制 $\vec{y}$、$\hat{x}$、$\hat{z}$;为保证 $C \pm \Delta C$,应限制 $\vec{x}$、$\hat{y}$、$\hat{z}$。所以,要满足加工工序要求,需限制工件 $\vec{x}$、$\vec{y}$、$\vec{z}$、$\hat{x}$、$\hat{y}$、$\hat{z}$ 6 个自由度。

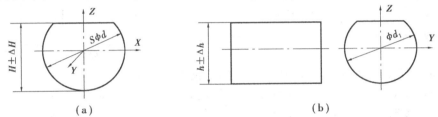

图 3.6　保证工件工序加工要求需限制的自由度

如图 3.6(a)所示,铣平面保证尺寸 $H \pm \Delta H$,只需限制工件的 $\vec{z}$ 一个自由度即可满足工件的工序加工要求。如图 3.6(b)所示,为保证尺寸 $h \pm \Delta h$,铣平面需限制工件的 $\vec{z}$、$\hat{y}$ 两个自由度。

（2）工件定位稳定性及夹具结构合理性

如图 3.6(b)所示,铣平面时只需限制工件的 $\vec{z}$、$\hat{y}$ 两个自由度,即可保证尺寸 $h \pm \Delta h$。但在实际加工中,为提高工件定位的稳定性,通常采用如图 3.7 所示的定位方案,用 V 形块限制工件 $\vec{y}$、$\vec{z}$、$\hat{y}$、$\hat{z}$ 4 个自由度,增加限制了 $\vec{y}$、$\hat{z}$。

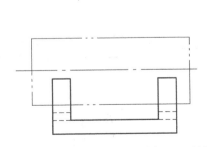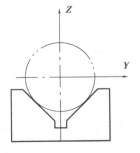

图 3.7　轴类工件常用的定位方法

113

3.2.3 定位方式分类

(1)完全定位

工件的 6 个自由度全部被限制的定位状态,称为完全定位。当工件在三个坐标方向均有尺寸或位置精度要求时,一般采用这种定位方式。

(2)不完全定位

工件被限制的自由度数目少于 6 个,但能保证加工要求时的定位状态,称为不完全定位,如图 3.5(a)所示。工件在夹具中定位时,广泛采用不完全定位。

(3)欠定位

工件实际定位所限制的自由度少于按其加工要求所必须限制的自由度,这种定位状态称为欠定位。由于在欠定位状态下对工件进行加工,无法保证其工序加工要求,因此,在确定工件的定位方案时,不允许采用欠定位方式。

(4)过定位

定位元件重复限制工件的同名自由度的定位状态称为过定位(或重复定位)。如图 3.8 所示,在插齿机床上加工齿轮,工件以内孔和断面作为定位基准,在长心轴和支承台阶面上实现定位。长心轴限制了工件的 $\vec{x}、\vec{y}、\hat{x}、\hat{y}$ 4 个自由度,台阶面限制了工件 $\vec{z}、\hat{x}、\hat{y}$ 3 个自由度,$\hat{x}、\hat{y}$ 被长心轴和台阶面重复限制,工件处于过定位状态。

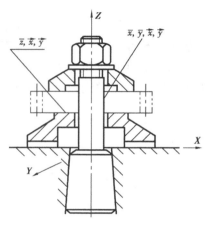

图 3.8 插齿时齿坯的定位

过定位是否允许采用,主要应从它产生的后果来判断。当过定位导致工件或定位元件变形、明显影响工件的定位精度时,应严禁使用。如图 3.9(a)所示为连杆的定位方案,平面支承 1 限制 $\vec{z}、\hat{x}、\hat{y}$ 3 个自由度,短圆柱销 2 限制 $\vec{x}、\vec{y}$ 两个自由度,挡销 3 限制 $\hat{z}$ 一个自由度,从而实现工件的完全定位。如图 3.9(b)所示,将短圆柱销 2 改为长圆柱销 2′,因其限制了工件的 $\vec{x}、\vec{y}、\hat{x}、\hat{y}$ 四个自由度,从而引起 $\hat{x}、\hat{y}$ 两个自由度被重复限制,出现定位不确定的情况。更严重的后果会发生在施加夹紧力之后。加紧力会造成工件变形(图 3.9(c))或定位销变形(图 3.9(d)),从而降低工件的定位精度,甚至损坏工件或夹具的定位元件。

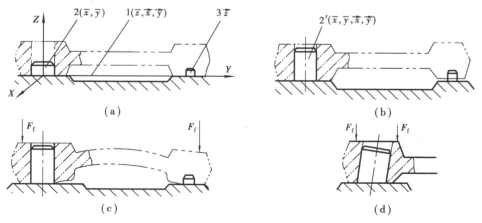

(a)

(b)

(c)

(d)

图 3.9 连杆的定位方案及过定位造成的后果

在实际生产中,在采取适当工艺措施的情况下,可用过定位以提高工件刚度和定位稳定性,这就是过定位的合理使用。仍以图 3.9 所示连杆的定位为例,若连杆大头孔的轴线与端面的垂直度误差很小,长圆柱销与台阶面的垂直度误差也很小,此时就可利用连杆大头孔与长圆柱销的配合间隙来补偿这种较小的垂直度误差,并不致引起相互干涉,仍能保证连杆端面与平面支承的可靠接触,不会产生图 3.9(b)、(c)、(d)所示的后果,因此是允许采用的。

学习工作单

工 作 单	工件定位的基本原理认识		
任　　务	了解六点定位的基本规则;掌握工件在夹具中应限制自由度数的依据;掌握工件定位稳定性及夹具结构合理性要求;掌握定位方式的分类		
班　　级		姓　　名	
学习小组		工作时间	2 学时

［知识认知］

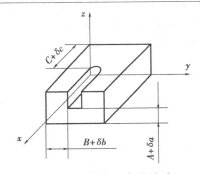

自由度与精度要求的关系

1. 叙述六点定位的基本规则。
2. 工件在夹具中应限制自由度的依据是什么?
3. 分组阐述定位方式的种类和各自特点。

任务学习其他说明或建议:

指导老师评语:

任务完成人签字:

日期:　　年　　月　　日

指导老师签字:

日期:　　年　　月　　日

任务 3.3　工件的夹紧

任务要求

1. 掌握夹紧装置各组成部分的作用、结构、类型及其工作原理。
2. 识记夹紧力确定的基本原则。
3. 掌握常用的夹紧机构及选用。
4. 理解夹紧机构的工作原理。
5. 了解夹紧动力源装置。

任务实施

在机械加工过程中,工件会受到切削力、离心力、惯性力等的作用。为了保证在这些外力作用下,工件仍能在夹具中保持已由定位元件所确定的加工位置,而不致发生振动和位移,在夹具结构中必须设置一定的夹紧装置将工件可靠地夹牢。

3.3.1　夹紧装置的组成及其设计原则

工件定位后,将工件固定并使其在加工过程中保持定位位置不变的装置,称为夹紧装置。

(1)夹紧装置的组成

夹紧装置的组成如图 3.10 所示,由以下三部分组成:

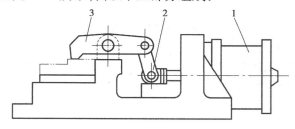

图 3.10　夹紧装置的组成
1—气缸;2—杠杆;3—压板

1)动力源装置

它是产生夹紧作用力的装置,分为手动夹紧和机动夹紧两种。手动夹紧的力源来自人力,用时比较费时费力。为了改善劳动条件和提高生产率,目前在大批量生产中均采用机动夹紧。机动夹紧的力源来自气动、液压、气液联动、电磁、真空等动力夹紧装置。图 3.10 所示的气缸就是一种动力源装置。

2)传力机构

它是介于动力源和夹紧元件之间传递动力的机构。传力机构的作用是:改变作用力的方向;改变作用力的大小;具有一定的自锁性能,以便在夹紧力一旦消失后,仍能保证整个夹紧系统处于可靠的夹紧状态,这一点在手动夹紧时尤为重要。

3）夹紧元件

它是直接与工件接触完成夹紧作用的最终执行元件。

（2）夹紧装置的设计原则

在夹紧工件的过程中，夹紧作用的效果会直接影响工件的加工精度、表面粗糙度以及生产效率。因此，设计夹紧装置应遵循以下原则：

1）工件不移动原则

夹紧过程中，应不改变工件定位后所占据的正确位置。

2）工件不变形原则

夹紧力的大小要适当，既要保证夹紧可靠，又应使工件在夹紧力的作用下不致产生加工精度所不允许的变形。

3）工件不振动原则

对刚性较差的工件，或者进行断续切削，以及不宜采用气缸直接压紧的情况，应提高支承元件和夹紧元件的刚性，并使夹紧部位靠近加工表面，以避免工件和夹紧系统的振动。

4）安全可靠原则

夹紧传力机构应有足够的夹紧行程，手动夹紧要有自锁性能，以保证夹紧可靠。

5）经济实用原则

夹紧装置的自动化和复杂程度应与生产纲领相适应，在保证生产效率的前提下，其结构应力求简单，便于制造、维修，工艺性能好；操作方便、省力，使用性能好。

3.3.2 确定夹紧力的基本原则

设计夹紧装置时，夹紧力的确定包括夹紧力的方向、作用点和大小三个要素。

（1）夹紧力的方向

夹紧力的方向与工件定位的基本配置情况以及工件所受外力的作用方向等有关。选择时必须遵守以下准则：

①夹紧力的方向应有助于定位稳定，且主夹紧力应朝向主要定位基面。图 3.11（a）直角支座镗孔，要求孔与 A 面垂直，所以应以 A 面为主要定位基面，且夹紧力 F_W 方向与之垂直，则较容易保质量。如图 3.11（b）、（c）所示中的 F_W 都不利于保证镗孔轴线与 A 的垂直度，如图 3.11（d）所示中的 F_W 朝向了主要定位基面，则有利于保证加工孔轴线与 A 面的垂直度。

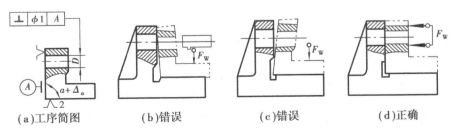

（a）工序简图   （b）错误   （c）错误   （d）正确

图 3.11 夹紧力应指向主要定位基面

②夹紧力的方向应有利于减小夹紧力，以减小工件的变形、减轻劳动强度。为此，夹紧力 F_W 的方向最好与切削力 F、工件重力 G 的方向重合。如图 3.12 所示为工件在夹具中加工时常见的几种受力情况。显然，图 3.12（a）为最合理，图 3.12（f）情况为最差。

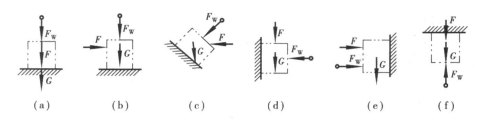

图 3.12　夹紧力方向与夹紧力大小的关系

③夹紧力的方向应是工件刚性较好的方向。由于工件在不同方向上刚度是不等的。不同的受力表面也因其接触面积大小而变形各异。尤其在夹压薄壁零件时,更需注意使夹紧力的方向指向工件刚性最好的方向。

(2)夹紧力的作用点

夹紧力作用点是指夹紧件与工件接触的一小块面积。选择作用点的问题是指在夹紧方向已定的情况下确定夹紧力作用点的位置和数目。夹紧力作用点的选择是达到最佳夹紧状态的首要因素。合理选择夹紧力作用点必须遵守以下准则:

①夹紧力的作用点应落在定位元件的支承范围内,应尽可能使夹紧点与支承点对应,使夹紧力作用在支承上。如图 3.13(a)所示,夹紧力作用在支承面范围之外,会使工件倾斜或移动,夹紧时将破坏工件的定位;而如图 3.13(b)所示则是合理的。

图 3.13　夹紧力的作用点应在支承面内

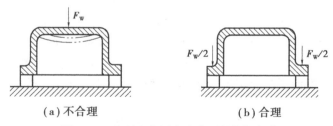

(a)不合理　　　　　　　　(b)合理

图 3.14　夹紧力作用点应在刚性较好部位

②夹紧力的作用点应选在工件刚性较好的部位。这对刚度较差的工件尤其重要,如图 3.14 所示,将作用点由中间的单点改成两旁的两点夹紧,可使变形大为减小,并且夹紧更加可靠。

③夹紧力的作用点应尽量靠近加工表面,以防止工件产生振动和变形,提高定位的稳定性和可靠性。图 3.15 所示工件的加工部位为孔。图 3.15(a)的夹紧点离加工部位较远,易引起加工振动,使表面粗糙度增大;图 3.15(b)的夹紧点会引起较大的夹紧变形,造成加工误差;图 3.15(c)是比较好的一种夹紧点选择。

(3)夹紧力的大小

夹紧力的大小,对于保证定位稳定、夹紧可靠,确定夹紧装置的结构尺寸,都有着密切的

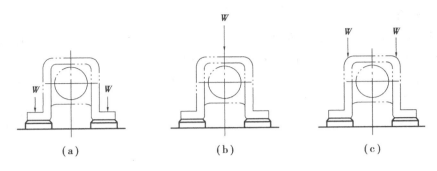

图 3.15　夹紧力作用点应靠近加工表面

关系。夹紧力的大小要适当。夹紧力过小则夹紧不牢靠,在加工过程中工件可能发生位移而破坏定位,其结果轻则影响加工质量,重则造成工件报废甚至发生安全事故。夹紧力过大会使工件变形,也会对加工质量不利。

理论上,夹紧力的大小应与作用在工件上的其他力(力矩)相平衡;而实际上,夹紧力的大小还与工艺系统的刚度、夹紧机构的传递效率等因素有关,计算是很复杂的。因此,实际设计中常采用估算法、类比法和试验法确定所需的夹紧力。

当采用估算法确定夹紧力的大小时,为简化计算,通常将夹具和工件看成一个刚性系统。根据工件所受切削力、夹紧力(大型工件应考虑重力、惯性力等)的作用情况,找出加工过程中对夹紧最不利的状态,按静力平衡原理计算出理论夹紧力,最后再乘以安全系数作为实际所需夹紧力,即

$$F_{\text{w}} = KF_{\text{w}} \qquad\qquad (3.1)$$

式中　F_{wk}——实际所需夹紧力,单位为 N;

　　　F_{w}——在一定条件下,由静力平衡算出的理论夹紧力,单位为 N;

　　　K——安全系数,粗略计算时,粗加工取 $K = 2.5 \sim 3$,精加工取 $K = 1.5 \sim 2$。

夹紧力三要素的确定,实际是一个综合性问题。必须全面考虑工件结构特点、工艺方法、定位元件的结构和布置等多种因素,才能最后确定并具体设计出较为理想的夹紧装置。

(4)减小夹紧变形的措施

有时一个工件很难找出合适的夹紧点。如图 3.16 所示的较长的套筒在车床上镗内孔和图 3.17 所示的高支座在镗床上镗孔,以及一些薄壁零件的夹持等,均不易找到合适的夹紧点。这时可以采取以下措施减少夹紧变形:

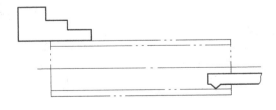

图 3.16　车床上镗深孔

1)增加辅助支承和辅助夹紧点

如图 3.17 所示的高支座可采用图 3.18 所示的方法,增加一个辅助支承点及辅助夹紧力 W_1,就可以使工件获得满意的夹紧状态。

2）分散着力点

如图 3.19 所示，用一块活动压板将夹紧力的着力点分散成两个或四个，从而改变着力点的位置，减少着力点的压力，获得减少夹紧变形的效果。

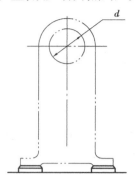

图 3.17　高支座镗孔

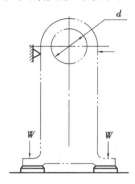

图 3.18　辅助夹紧

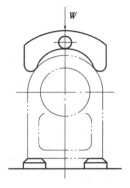

图 3.19　分散着力点

3）增加压紧件接触面积

如图 3.20 所示为三爪卡盘夹紧薄壁工件的情形。将图 3.20（a）改为图 3.20（b）的形式，改用宽卡爪增大和工件的接触面积，减小了接触点的比压，从而减小了夹紧变形。图 3.21 列举了另外两种减少夹紧变形的装置。图 3.21（a）为常见的浮动压块，图 3.21（b）为在压板下增加垫环，使夹紧力通过刚性好的垫环均匀地作用在薄壁工件上，避免工件局部压陷。

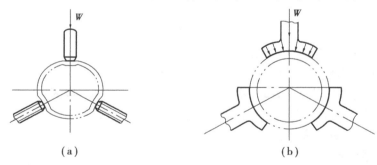

（a）　　　　　　　　　　　　（b）

图 3.20　薄壁套的夹紧变形及改善

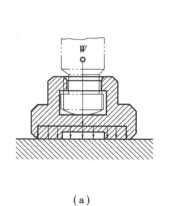

（a）

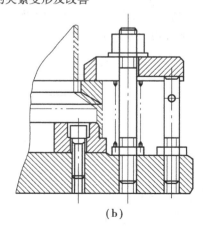

（b）

图 3.21　采用浮动压块和垫环减少工件夹紧变形

4）利用对称变形

加工薄壁套筒时，采用图 3.21 的方法加宽卡爪，如果夹紧力较大，仍有可能发生较大的变形。因此，在精加工时，除减小夹紧力外，夹具的夹紧设计应保证工件能产生均匀的对称变形，以便获得变形量的统计平均值，通过调整刀具适当消除部分变形量也可以达到所要求的加工精度。

5）其他措施

对于一些极薄的特形工件，靠精密冲压加工仍达不到所要求的精度而需要进行机械加工时，上述各种措施通常难以满足需要，可以采用一种冻结式夹具。这类夹具是将极薄的特形工件定位于一个随行的型腔里，然后浇灌低熔点金属，待其固结后一起加工。加工完成后，再加热熔解取出工件。低熔点金属的浇灌及熔解分离，都是在生产线上进行的。

3.3.3　常用的夹紧机构及选用

机床夹具中所使用的夹紧机构绝大多数都是利用斜面将楔块的推力转变为夹紧力来夹紧工件的。其中最基本的形式就是直接利用有斜面的楔块，偏心轮、凸轮、螺钉等不过是楔块的变种。

（1）斜楔夹紧机构

斜楔是夹紧机构中最基本的增力和锁紧元件。斜楔夹紧机构是利用楔块上的斜面直接或间接（如用杠杆）等将工件夹紧的机构，如图 3.22 所示。

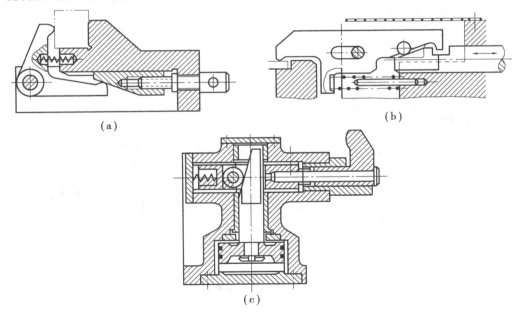

（a）

（b）

（c）

图 3.22　斜楔夹紧机构

选用斜楔夹紧机构时，应根据需要确定斜角 α。凡有自锁要求的楔块夹紧，其斜角 α 必须小于 2φ（φ 为摩擦角），为可靠起见，通常取 $\alpha = 6° \sim 8°$。在现代夹具中，斜楔夹紧机构常与气压、液压传动装置联合使用，由于气压和液压可保持一定压力，楔块斜角 α 不受此限，可取更大些，一般在 $15° \sim 30°$ 内选择。斜楔夹紧机构结构简单，操作方便，但传力系数小、夹紧行程短、自锁能力差。

（2）螺旋夹紧机构

由螺钉、螺母、垫圈、压板等元件组成，采用螺旋直接夹紧或与其他元件组合实现夹紧工件的机构，统称为螺旋夹紧机构。螺旋夹紧机构不仅结构简单、容易制造，而且自锁性能好、夹紧可靠，夹紧力和夹紧行程都较大，是夹具中用得最多的一种夹紧机构。

1）简单螺旋夹紧机构

这种装置有两种形式。图3.23（a）所示的机构螺杆直接与工件接触，容易使工件受损害或移动，一般只用于毛坯和粗加工零件的夹紧。图3.23（b）所示的是常用的螺旋夹紧机构，其螺钉头部常装有摆动压块，可防止螺杆夹紧时带动工件转动和损伤工件表面。螺杆上部装有手柄，夹紧时不需要扳手，操作方便、迅速。对于工件夹紧部分不宜使用扳手，且夹紧力要求不大的部位，可选用这种机构。简单螺旋夹紧机构的缺点是夹紧动作慢，工件装卸费时。为了克服这一缺点，可以采用如图3.23所示的快速螺旋夹紧机构。

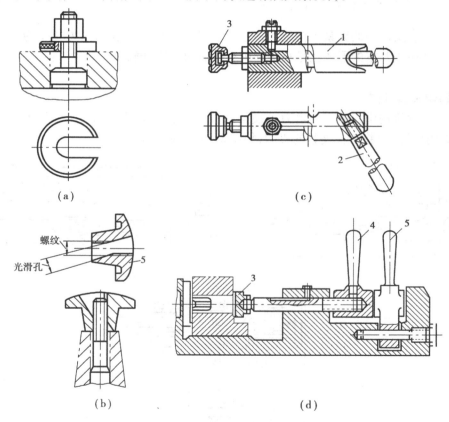

图3.23　快速螺旋夹紧机构
1—夹紧轴;2、4、5—手柄;3—摆动压块

2）螺旋压板夹紧机构

在夹紧机构中，结构形式变化最多的是螺旋压板机构，常用的螺旋压板夹紧机构如图3.24所示。选用时，可根据夹紧力大小的要求、工作高度尺寸的变化范围、夹具上夹紧机构允许占有的部位和面积进行选择。例如，当夹具中只允许夹紧机构占很小面积，而夹紧力又要求不很大时，可选用如图3.24（a）所示的螺旋钩形压板夹紧机构。又如工件夹紧高度变化较大的小批、单件生产，可选用如图3.24（e）、（f）所示的通用压板夹紧机构。

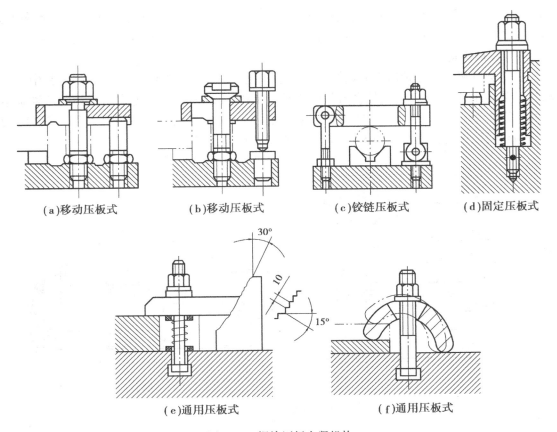

(a)移动压板式　　(b)移动压板式　　(c)铰链压板式　　(d)固定压板式

(e)通用压板式　　　　　　　(f)通用压板式

图 3.24　螺旋压板夹紧机构

(3)偏心夹紧机构

偏心夹紧机构是由偏心元件直接夹紧或与其他元件组合而实现对工件夹紧的机构,它是利用转动中心与几何中心偏移的圆盘或轴作为夹紧元件。它的工作原理也是基于斜楔的工作原理,近似于把一个斜楔弯成圆盘形,如图 3.25(a)所示。偏心元件一般有圆偏心和曲线偏心两种类型,圆偏心因结构简单、容易制造而得到广泛应用。

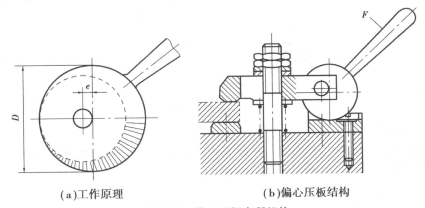

(a)工作原理　　　　　　　(b)偏心压板结构

图 3.25　偏心压板夹紧机构

偏心夹紧机构结构简单、制造方便,与螺旋夹紧机构相比,还具有夹紧迅速、操作方便等优点。其缺点是夹紧力和夹紧行程均不大,自锁能力差,结构不抗振,故一般适用于夹紧行程及切削负荷较小且平稳的场合。在实际使用中,偏心轮直接作用在工件上的偏心夹紧机构不多见。偏心夹紧机构一般多和其他夹紧元件联合使用。如图3.25(b)所示是偏心压板夹紧机构。

(4)铰链夹紧机构

铰链夹紧机构是一种增力夹紧机构。由于其机构简单,增力倍数大,在气压夹具中获得较广泛的运用,以弥补气缸或气室力量的不足。如图3.26所示是铰链夹紧机构的三种基本结构。图3.26(a)为单臂铰链夹紧机构,臂的两头是铰链的连线,一头带滚子。图3.26(b)为双臂单作用铰链夹紧机构。图3.26(c)为双臂双作用铰链夹紧机构。

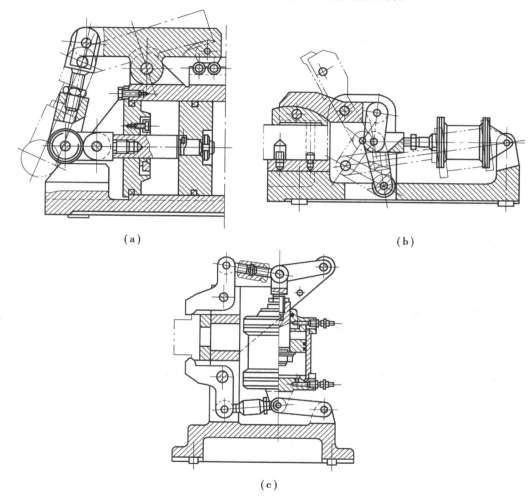

(a)　　　　　　　　　　(b)

(c)

图3.26　铰链夹紧机构

(5)定心夹紧机构

在工件定位时,常常将工件的定心定位和夹紧结合在一起,这种机构称为定心夹紧机构。定心夹紧机构的特点是:

①定位和夹紧是同一元件;

②元件之间有精确的联系;

③能同时等距离地移向或退离工件;

④能将工件定位基准的误差对称地分布开来。

常见的定心夹紧机构有：利用斜面作用的定心夹紧机构、利用杠杆作用的定心夹紧机构以及利用薄壁弹性元件的定心夹紧机构等。

1）斜面作用的定心夹紧机构

属于此类夹紧机构的有：螺旋式、偏心式、斜楔式以及弹簧夹头等。图 3.27 所示为部分这类定心夹紧机构。

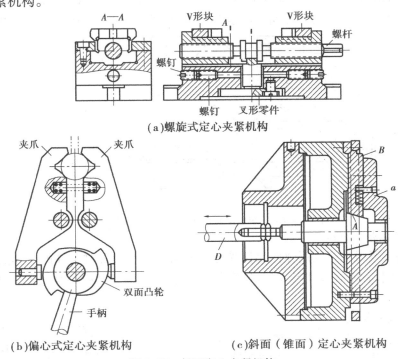

（a）螺旋式定心夹紧机构

（b）偏心式定心夹紧机构

（c）斜面（锥面）定心夹紧机构

图 3.27　斜面定心夹紧机构

弹簧夹头亦属于利用斜面作用的定心夹紧机构。图 3.28 所示为弹簧夹头的结构简图。

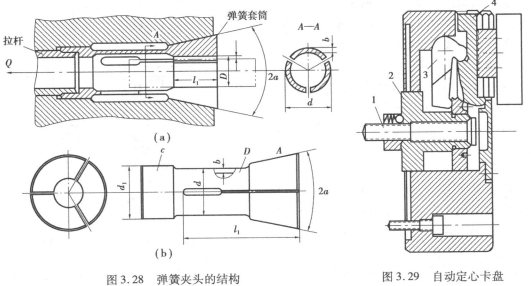

图 3.28　弹簧夹头的结构

图 3.29　自动定心卡盘
1—拉杆；2—滑块；3—钩形杠杆；4—夹爪

2）杠杆作用的定心夹紧机构

图3.29 所示的车床卡盘即属此类夹紧机构。气缸力作用于拉杆1，拉杆1带动滑块2左移，通过三个钩形杠杆3同时收拢三个夹爪4，对工件进行定心夹紧。夹爪的张开是靠滑块上的三个斜面推动的。

图3.30 所示为齿轮齿条传动的定心夹紧机构。气缸（或其他动力）通过拉杆推动右端钳口时，通过齿轮齿条传动，使左面钳口同步向心移动夹紧工件，使工件在V形块中自动定心。

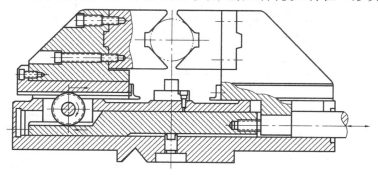

图3.30 齿轮齿条定心夹紧机构

3）弹性定心夹紧机构

弹性定心夹紧机构是利用弹性元件受力后的均匀变形实现对工件的自动定心的。根据弹性元件的不同，有鼓膜式夹具、碟形弹簧夹具、液性塑料薄壁套筒夹具及折纹管夹具等。图3.31 所示为鼓膜式夹具。

（6）联动夹紧机构

在工件的装夹过程中，有时需要夹具同时有几个点对工件进行夹紧；有时则需要同时夹紧几个工件；而有些夹具除了夹紧动作外，还需要松开或固紧辅助支承等。这时为了提高生产率，减少工件装夹时间，可以采用各种联动机构。下面介绍一些常见的联动夹紧机构。

1）多点夹紧

多点夹紧是用一个原始作用力，通过一定的机构分散到数个点上对工件进行夹紧。图3.32 所示为两种常见的浮动压头。图3.33 所示为浮动夹紧机构的例子。

2）多件夹紧

多件夹紧是用一个原始作用力，通过一定的机构实现对数个相同或不同的工件进行夹紧。图3.34 所示为部分常见的多件夹紧机构。

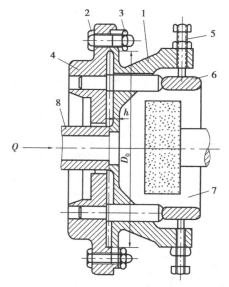

图3.31 鼓膜夹具
1—弹性盘；2—螺钉；3—螺母；4—夹具体；
5—可调螺钉；6—工件；7—顶杆；8—推杆

3）夹紧与其他动作联动

图3.35 所示为夹紧与移动压板联动的机构；图3.36 所示为夹紧与锁紧辅助支承联动的机构；图3.37 所示为先定位后夹紧的联动机构。

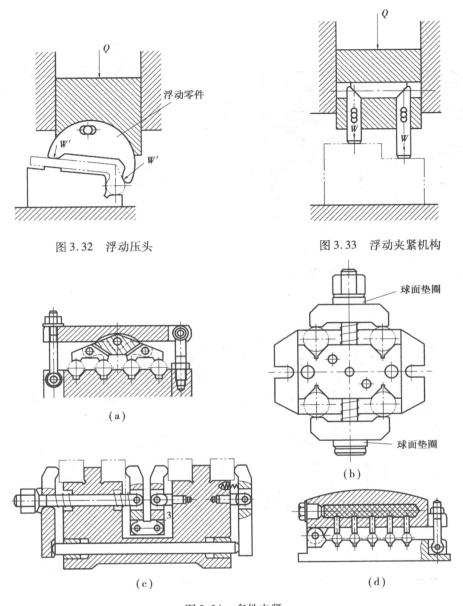

图 3.32 浮动压头　　　　　　图 3.33 浮动夹紧机构

（a）

（b）

（c）

（d）

图 3.34 多件夹紧

3.3.4 夹紧机构的要求

夹紧机构是指能实现以一定的夹紧力夹紧工件选定夹紧点的功能的完整结构。它主要包括与工件接触的压板、支承件和施力机构。对夹紧机构通常有如下要求：

（1）可浮动

由于工件上各夹紧点之间总是存在位置误差，为了使压板可靠地夹紧工件或使用一块压板实现多点夹紧，一般要求夹紧机构和支承件等要有浮动自位的功能。要使压板及支承件等产生浮动，可用球面垫圈、球面支承及间隙联接销来实现，如图 3.38 所示。

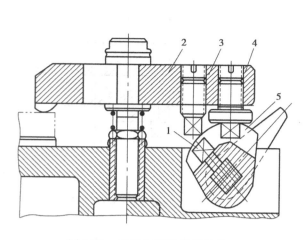

图 3.35　夹紧与移动压板联动
1—拔销;2—压板;3—螺钉;4—螺钉;5—偏心轮

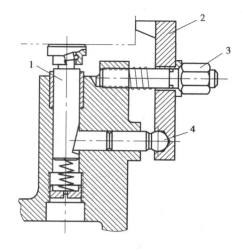

图 3.36　夹紧与锁紧辅助支承联动
1—辅助支承;2—压板;3—螺母;4—锁销

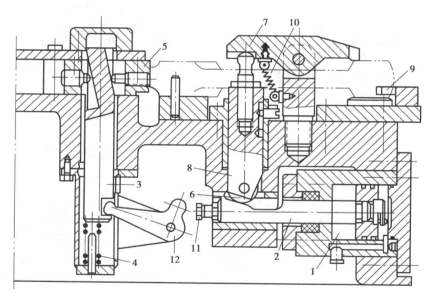

图 3.37　先定位后夹紧联动机构
1—油缸;2—活塞杆;3—推杆;4—弹簧;5—活块;6—滚子;7—压板;
8—推杆;9—定位块;10—弹簧;11—螺钉;12—拔杆

(2)可联动

为了实现几个方向的夹紧力同时作用或顺序作用,并使操作简便,设计中广泛采用各种联动机构,如图3.39至图3.41所示。

(3)可增力

为了减小动力源的作用力,在夹紧机构中常采用增力机构。最常用的增力机构有:螺旋、杠杆、斜面、铰链及其组合。杠杆增力机构的增力比及行程的适应范围较大,结构简单,如图3.42所示。

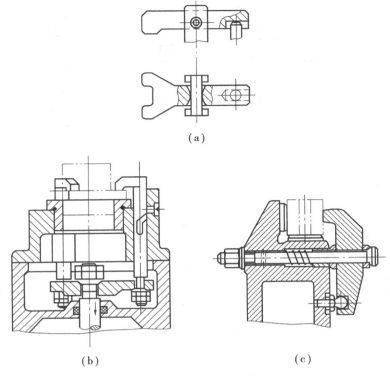

（a）

（b）　　　　　　　　　　（c）

图 3.38　浮动机构

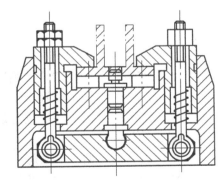

图 3.39　双件联动机构

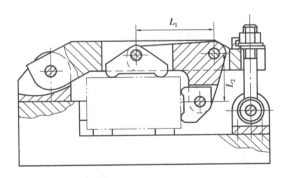

图 3.40　实现相互垂直作用力的联动机构

斜面增力机构的增力比较大,但行程较小,且结构复杂,多用于要求有稳定夹紧力的精加工夹具。螺旋的增力原理和斜面一样。此外,还有气动液压增力机构等。

铰链增力机构常和杠杆机构组合使用,称为铰链杠杆机构。它是气动夹具中常用的一种增力机构。其优点是增力比较大,而摩擦损失较小。图 3.43 所示为常用铰链杠杆增力机构的示意图。此外,还有气动液压增力机构等。

（4）可自锁

当去掉动力源的作用力之后,仍能保持对工件的夹

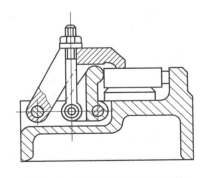

图 3.41　顺序作用的联动机构

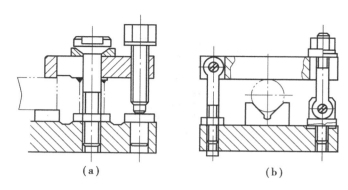

图 3.42　杠杆机构的常见情况

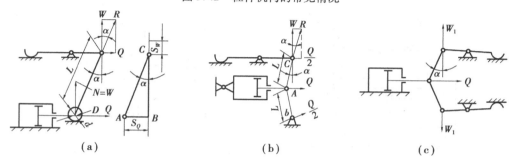

图 3.43　铰链杠杆增力机构

紧状态,称为夹紧机构的自锁。自锁是夹紧机构的一种十分重要并且十分必要的特性,常用的自锁机构有螺旋、斜面及偏心机构等。

3.3.5　夹紧动力源装置

夹具的动力源有手动、气压、液压、电动、电磁、弹力、离心力、真空吸力等。随着机械制造工业的迅速发展,自动化和半自动化设备的推广,以及在大批量生产中要求尽量减轻操作人员的劳动强度,现在大多采用气动、液压等夹紧来代替人力夹紧。这类夹紧机构还能进行远距离控制,其夹紧力可保持稳定,机构也不必考虑自锁,夹紧质量也比较高。

设计夹紧机构时,应同时考虑所采用的动力源。选择动力源时通常应遵循两条原则:

①经济合理。采用某一种动力源时,首先应考虑使用的经济效益,不仅应使动力源设施的投资减少,而且应使夹具结构简化,降低夹具的成本。

②与夹紧机构相适应。动力源的确定很大程度上决定了所采用的夹紧机构,因此动力源必须与夹紧机构结构特性、技术特性以及经济价值相适应。

(1)手动动力源

选用手动动力源的夹紧系统一定要具有可靠的自锁性能以及较小的原始作用力,故手动动力源多用于螺栓螺母施力机构和偏心施力机构的夹紧系统。设计这种夹紧装置时,应考虑操作者体力和情绪的波动对夹紧力的大小的影响,应选用较大的裕度系数。

(2)气动动力源

气压动力源夹紧系统如图 3.44 所示。它包括三个组成部分:第一部分为气源,包括空气压缩机 2、冷却器 3、贮气罐 4 等,这一部分一般集中在压缩空气站内。第二部分为控制部分,包括分水滤气器 6(降低湿度)、调压阀 7(调整与稳定工作压力)、油雾器 9(将油雾化润滑元件)、单向阀 10、配气阀 11(控制气缸进气与排气方向)、调速阀 12(调节压缩空气的流速和流量)等,这些气压元件一般安装在机床附近或机床上。第三部分为执行部分,如气缸 13 等,它们通常直接装在机床夹具上与夹紧机构相连。

气缸是将压缩空气的工作压力转换为活塞的移动,以此驱动夹紧机构实现对工件夹紧的执行元件。它的种类很多,按活塞的结构可分为活塞式和膜片式两大类,按安装方式可分固定式、摆动式和回转式等;按工作方式还可分为单向作用和双向作用汽缸。

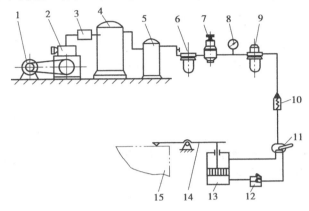

图 3.44　气压夹紧装置传动的组成

1—电动机;2—空气压缩机;3—冷却器;4—贮气罐;5—过滤器;6—分水滤气器;
7—调压阀;8—压力表;9—油雾器;10—单向阀;11—配气阀;12—调速阀;
13—气缸;14—夹具示意图;15—工件

气动动力源的介质是空气,故不会变质和不产生污染,且在管道中的压力损失小,但气压较低,一般为 0.4 ~ 0.6 MPa。当需要较大的夹紧力时,气缸就要很大,致使夹具结构不紧凑。另外,由于空气的压缩性大,所以夹具的刚度和稳定性较差。此外,还有较大的排气噪声。

(3)液压动力源

液压动力源夹紧系统是利用液压油为工作介质来传力的一种装置。它与气动夹紧比较,具有压力大、体积小、结构紧凑、夹紧力稳定、吸振能力强、不受外力变化的影响等优点。但结构比较复杂、制造成本较高,因此仅适用于大量生产。液压夹紧的传动系统与普通液压系统类似,但系统中常设有蓄能器,用以储蓄压力油,以提高液压泵电动机的使用效率。在工件夹紧后,液压泵电动机可停止工作,靠蓄能器补偿漏油,保持夹紧状态。

(4)气-液组合动力源

气-液组合动力源夹紧系统的动力源为压缩空气,但要使用特殊的增压器,比气动夹紧装置复杂。它的工作原理如图 3.45 所示,压缩空气进入气缸 1 的右腔,推动增压器活塞 3 左移,活塞杆 4 随之在增压缸 2 内左移。因活塞杆 4 的作用面积小,使增压缸 2 和工作缸 5 内的油压得到增加,并推动工作缸中的活塞 6 上抬,将工件夹紧。

(5)电动电磁动力源

电动扳手和电磁吸盘都属于硬特性动力源,在流水作业线常采用电动扳手代替手动,不仅提高了生产效率,而且克服了手动时施力的波动,并减轻了工人的劳动强度,是获得稳定夹紧力的方法之一。电磁吸盘动力源主要用于要求夹紧力稳定的精加工夹具中。

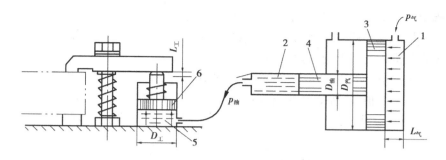

图 3.45　气-液组合夹紧工作原理

1—汽缸；2—增压缸；3—气缸活塞；4—活塞杆；5—工作缸；6—工作缸活塞

学习工作单

工 作 单	工件夹紧的认识		
任　务	掌握夹紧装置的组成及其工作原理；识记夹紧力确定的基本原则；掌握常用的夹紧机构及选用；了解夹紧动力源装置		
班　级		姓　名	
学习小组		工作时间	6 学时
[知识认知]			

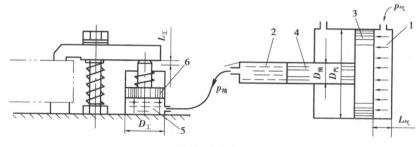

气-液组合夹紧

1. 叙述上图夹紧装置各序号名称和工作原理。

2. 分组讨论夹紧力确定的方法。

3. 描述常见的夹紧机构及特点，如何进行选用。

任务学习其他说明或建议：				
指导老师评语：				
任务完成人签字： 指导老师签字：	日期： 日期：	年 年	月 月	日 日

任务 3.4　专用夹具

任务要求

1.掌握车床夹具的类型和特点。

2.熟悉铣床、钻床、镗床、数控机床专用夹具类型与特点。

3.会分析、比较不同机床专用夹具的异同。

任务实施

专用机床夹具一般由定位装置、夹紧装置、夹具体及其他装置或元件组成。各类机床的加工工艺特点、夹具与机床的连接方式不尽相同，因此其专用夹具的具体结构和技术要求等存在差异。下面结合实例着重介绍几种典型机床夹具的结构及其特点。

3.4.1　车床夹具

图 3.46 为车床夹具。夹具以夹具体 2 上的定位止口和过渡盘 1 的凸缘相配合并紧固，形成一个夹具整体。装配时，应使夹具体 2 上的定位止口的轴线（代表专用夹具的回转轴线）和过渡盘的定位圆孔轴线同轴。夹具上的定位销 7 的轴线与夹具的轴线正交，其台肩面与该轴线的距离尺寸为 (27 ± 0.08) mm。工件以 $\phi 34^{+0.05}_{0}$ mm 孔和端面 A 在此销上定位，限制工件五个自由度，工件的另一个转动自由度由定位夹紧机构予以限制。当拧紧带肩螺母 9 时，钩形压板 8 将工件压紧在定位销 7 的台肩上，同时拉杆 6 向上作轴向移动，并通过联接块 3 带动杠杆 5 绕销钉 4 作顺时针转动，于是将楔块 11 拉下，通过两个摆动压块 12 同时将工件定心夹紧，使工件待加工孔的轴线与夹具的轴线同轴，从而实现工件的正确安装。为了使夹具的重心在它的回转中心上，使其在回转运动时保持平衡状态，夹具上设置了配重块 10。该夹具遵循基准重合原则设计定位装置，并采用了联动夹紧机构，其结构合理，操作方便。

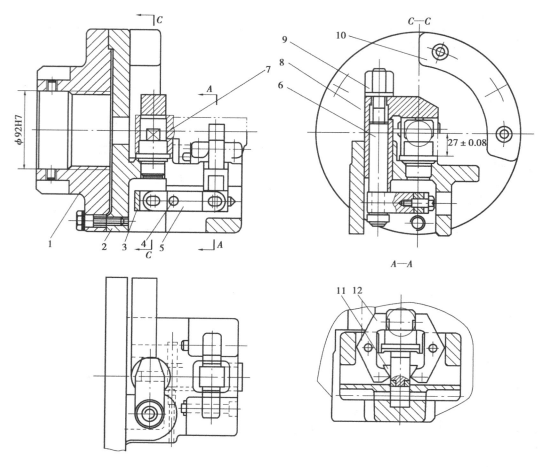

图 3.46　角铁式车床夹具

1—过渡盘;2—夹具体;3—联接块;4—销钉;5—杠杆;6—拉杆;7—定位销;

8—钩形压板;9—带肩螺母;10—配重块;11—楔块;12—摆动压块

3.4.2　铣床夹具

这类夹具安装在铣床的工作台上,随工作台一起作直线进给运动。图 3.47 所示为轴端铣方头铣床夹具。它采用了平行对向式联动夹紧机构,旋转螺母 6,通过球面垫圈及压板 7 将工件压在 V 形块上,4 把三面刃铣刀同时铣削工件两侧面。加工完毕后,取下楔块 5,将回转座 4 转过 90°,再用楔块 5 将回转座定位并夹紧,即可铣削工件的另两个侧面。该夹具在一次安装中完成两个工位的加工。

3.4.3　钻床夹具

在钻床上进行孔的钻、扩、铰、锪等加工所用的夹具,称为钻床夹具,俗称钻模。钻床夹具用引导元件(钻套)引导刀具实现孔加工,有利于保证孔的位置精度,并能显著地提高生产率。图 3.48(a)所示固定式钻模利用既是定位元件又是安装元件的钻套 6 实现在钻床上的正确安装。图 3.48(b)所示工件以定位基准 S_1、S_2 在夹具的定位心轴 3 和定位支承 7 上定位,靠圆偏心夹紧机构夹固。刀具通过钻套 6 的引导下完成对工件 ϕ5H12 孔的加工。

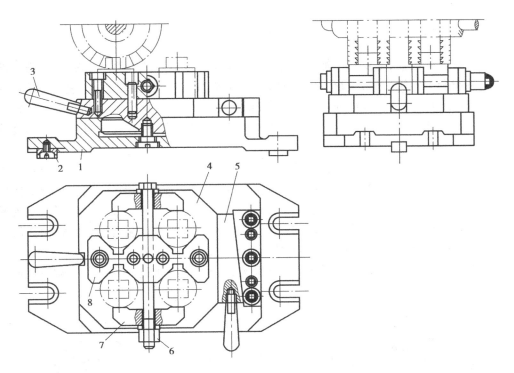

图 3.47 轴端铣方头铣床夹具

1—夹具体;2—定位键;3—手柄;4—回转座;5—楔块;6—螺母;7—压板;8—V 形块

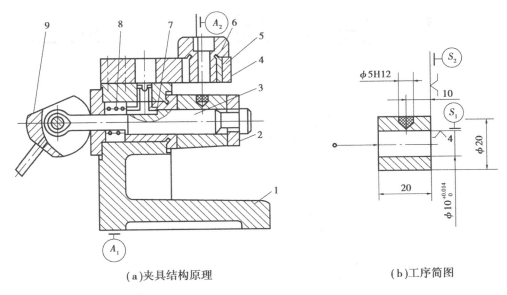

(a)夹具结构原理   (b)工序简图

图 3.48 固定式钻模

1—夹具体;2—开口垫圈;3—圆柱定位心轴;4—钻模板;5—衬套;6—钻套;
7—端面定位支承;8—弹簧;9—偏心轮

135

3.4.4 镗床夹具

镗床夹具又称镗模,主要用于加工箱体、支座等零件上的孔或孔系。它通过镗模上的导向元件——镗套引导镗杆进行镗孔,可以加工出具有较高精度的孔或孔系。镗模不仅广泛用于一般镗床和组合机床上,也可通过使用镗模来扩大车床、摇臂钻床的工艺范围。镗模与钻模有许多相同之处,但由于箱体上孔系加工精度一般要求较高,故镗模本身的制造精度比钻模高得多。

图3.49所示为镗削车床尾座孔的镗模。镗模上有两个引导镗刀杆的支承,分别设置在刀具的前方和后方,镗刀杆10和主轴之间通过浮动接头11连接。工件以底面、槽及侧面在定位板3、4及可调支承钉7上定位,限制了工件的全部自用度。夹紧装置采用了联动夹紧机构,拧紧夹紧螺钉6,通过压板5、8同时将工件夹紧。镗模支架1上装有滚动回转镗套2,用以支承和引导镗杆。镗模以底面A安装在机床工作台上,其位置用B面找正。

由图3.49可知,一般镗模由定位装置、夹紧装置、导向装置(镗套和镗模支架等)、镗模底座四部分组成。

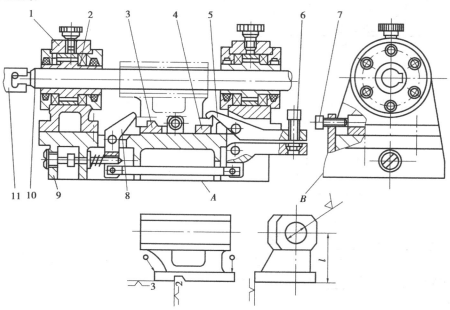

图3.49 镗削车床尾座孔镗床夹具

1—支架;2—镗套;3、4—定位板;5、8—压板;6—夹紧螺钉;7—可调支承钉;
9—镗模底座;10—镗刀杆;11—浮动接头

3.4.5 典型数控机床夹具

数控机床夹具有高效化、柔性化和高精度等特点,设计时,除了应遵循一般夹具设计的原则外,还应注意以下几点:

①数控机床夹具应有较高的精度,以满足数控加工的精度要求。

②数控机床夹具应有利于实现加工工序的集中,即可使工件在一次装夹后能进行多个表面的加工,以减少工件装夹次数。

③数控机床夹具的夹紧应牢固可靠、操作方便;夹紧元件的位置应固定不变,防止工件在自动加工过程中与刀具相碰。

④每种数控机床都有自己的坐标系和坐标原点,它们是编制程序的重要依据之一。设计数控机床夹具时,应按坐标图上规定的定位和夹紧表面以及机床坐标的起始点,确定夹具坐标原点的位置。

(1)数控铣床夹具

1)对数控铣床夹具的基本要求

实际上,数控铣削加工时一般不要求很复杂的夹具,只要求有简单的定位、夹紧机构就可以了。其设计原理也和通用铣床夹具相同,结合数控铣削加工的特点,这里只提出几点基本要求:

①为保持零件安装方位与机床坐标系及程编坐标系方向的一致性,夹具应能保证在机床上实现定向安装,还要求能协调零件定位面与机床之间保持一定的坐标尺寸联系。

②为保持工件在本工序中所有需要完成的待加工面充分暴露在外,夹具要做得尽可能开敞,因此夹紧机构元件与加工面之间应保持一定的安全距离,同时要求夹紧机构元件能低则低,从防止夹具与铣床主轴套筒或刀套、刀具在加工过程中发生碰撞。

③夹具的刚性与稳定性要好。尽量不采用在加工过程中更换夹紧点的设计,当必须在加工过程中更换夹紧点时,要特别注意不能因更换夹紧点而破坏夹具或工件定位精度。

2)常用数控铣床夹具种类

数控铣削加工常用的夹具大致有下几种:

①组合夹具:适用于小批量生产或研制时的中、小型工件在数控铣床上进行铣加工。

②专用铣削夹具:是特别为某一项或类似的几项工件设计制造的夹具,一般在批量生产或研制中必须采用时采用。

③多工位夹具:可以同时装夹多个工件,可减少换刀次数,也便于一面加工,一面装卸工件,有利于缩短准备时间,提高生产率,较适宜于中批量生产。

④气动或液压夹具:适用于生产批量较大,采用其他夹具又特别费工、费力的工件。这类夹具能减轻工人的劳动强度和提高生产率,但其结构较复杂,造价往往较高,而且制造周期长。

⑤真空夹具:适用于有较大定位平面或具有较大可密封面积的工件。有的数控铣床(如壁板铣床)自身带有通用真空夹具。除上述几种夹具外,数控铣削加工中也经常采用机用平口虎钳、分度头和三爪自定心卡盘等通用夹具。

(2)数控钻床夹具

数控钻床是数字控制的以钻削为主的孔加工机床。在数控机床的发展过程中,数控钻床的出现是较早的,其夹具设计原理与通用钻床相同。结合数控钻削加工的特点,在夹具的选用上应注意以下几个问题:

①优先选用组合夹具。对中小批量又经常变换品种的加工,使用组合夹具可节省夹具费用和准备时间,应首选。

②在保证零件的加工精度及夹具刚性的情况下,尽量减少夹压变形,选择合理的定位点及夹紧点。

③对于单件加工工时较短的中小零件,应尽量减少装卸夹压时间,采用各种气压、液压夹

具和快速联动夹紧方法以提高生产效率。

④为了充分利用工作台的有效面积,对中小型零件可考虑在工作台面上同时装夹几个零件进行加工。

⑤避免干涉。在切削加工时,绝对不允许刀具或刀柄与夹具发生碰撞。

⑥如有必要时,可在夹具上设置对刀点。对刀点实际是用来确定工件坐标与机床坐标系之间的关系。对刀点可在零件上,也可以在夹具或机床上,但必须与零件定位基准有一定的坐标关系。

(3)加工中心机床夹具

加工中心机床是一种功能较全的数控加工机床。在加工中心上,夹具的任务不仅是夹具工件,而且还要以各个方向的定位面为参考基准,确定工件编程的零点。在加工中心上加工的零件一般都比较复杂。零件在一次装夹中,既要粗铣、粗镗,又要精铣、精镗,需要多种多样的刀具,这就要求夹具既能承受大切削力,又要满足定位精度要求。加工中心的自动换刀(ATC)功能又决定了在加工中不能使用支架、位置检测及对刀等夹具元件。加工中心的高柔性要求其夹具比普通机床结构紧凑、简单,夹紧动作迅速、准确,尽量减少辅助时间,操作方便、省力、安全,而且要保证足够的刚性,还要灵活多变。根据加工中心机床特点和加工需要,目前常用的夹具结构类型有专用夹具、组合夹具、可调整夹具和成组夹具。

加工中心上零件夹具的选择要根据零件精度等级、零件结构特点、产品批量及机床精度等情况综合考虑。在此推荐一选择顺序:优先考虑组合夹具,其次考虑可调整夹具,最后考虑专用夹具、成组夹具。当然,还可使用三爪自定心卡盘、机床用平口虎钳等大家熟悉的通用夹具。

学习工作单

工 作 单	专用夹具认识		
任 务	掌握车床夹具的类型和各自特点;熟悉铣床、钻床夹具的类型和各自特点;熟悉镗床、数控机床专用夹具类型与各自特点		
班 级		姓 名	
学习小组		工作时间	4 学时
[知识认知]			

1.分析角铁式车床夹具的特点。

2.叙述铣床夹具的类型与特点。

3.分组说明钻床的夹具特点。

4.阐述镗床夹具的特点。

5.阐述数控机床夹具的特点。

任务学习其他说明或建议:				
指导老师评语:				
任务完成人签字:		日期:	年 月	日
指导老师签字:		日期:	年 月	日

实践与训练

（一）根据工件加工要求，分析理论上应该限制哪几个自由度。

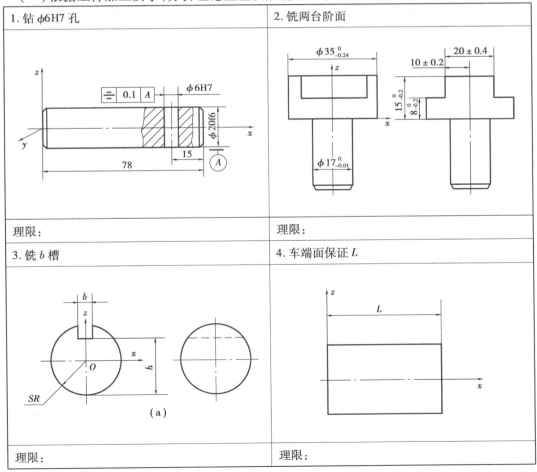

1. 钻 $\phi6H7$ 孔	2. 铣两台阶面
理限:	理限:
3. 铣 b 槽	4. 车端面保证 L
理限:	理限:

（二）如图加工 $\phi20$ 的孔,试进行定位方案设计。

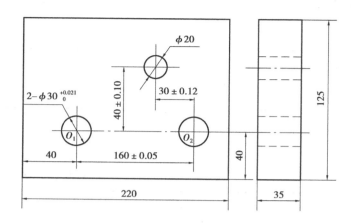

（三）习题

1.什么是定位? 简述工件定位的基本原理。不完全定位和欠定位的区别是什么? 它们在加工时是否都允许?

2.什么是工序基准? 什么是定位基准? 什么是定位误差? 它由哪几部分组成?

3.夹紧装置由哪几部分组成? 对夹紧装置有哪些要求?

项目 **4**
机械加工工艺方法

项目概述

本项目是解决零件加工时如何选择加工设备、加工方法、加工刀量具、加工先后顺序等工艺问题,保证加工质量要求的重要部分。本项目讲解机械加工工艺概述,定位基准的选择,工艺路线的拟定,毛坯选择,加工余量和工序尺寸及其公差的确定,制定工艺规程的技术依据和步骤,要求学生理解零件加工时如何选择加工设备、加工方法、加工刀量具、加工先后顺序等工艺知识,提高零件加工质量及效率。

项目内容

机械加工工艺概述,定位基准的选择,工艺路线的拟定,毛坯选择,加工余量和工序尺寸及其公差的确定,制定工艺规程的技术依据和步骤。

项目目标

理解零件加工时如何选择加工设备、加工方法、加工刀量具、加工先后顺序等工艺知识,保证零件加工质量要求。

任务 4.1 机械加工工艺基础

任务要求

1. 熟知机械产品的加工基本过程。
2. 理解生产过程和工艺过程。
3. 认识记工艺文件资料。

任务实施

在实际生产中,由于零件的结构形状、几何精度、技术条件和生产数量等要求不同,一个零件往往要经过一定的加工过程才能将其由图样变成成品零件。因此,机械加工工艺人员必须从工厂现有的生产条件和零件的生产数量出发,根据零件的具体要求,在保证加工质量、提高生产效率和降低生产成本的前提下,对零件上的各加工表面选择适宜的加工方法,合理地安排加工顺序,科学地拟定加工工艺过程,才能获得合格的机械零件。下面是在确定零件加工过程时应掌握的一些基本概念。

4.1.1 生产过程与工艺过程

(1)生产过程和工艺过程的概念

机械产品的生产过程是指将原材料转变为成品的所有劳动过程。这里所指的成品可以是一台机器、一个部件,也可以是某种零件。对于机器制造而言,生产过程包括:

①原材料、半成品和成品的运输和保存。

②生产和技术准备工作,如产品的开发和设计、工艺及工艺装备的设计与制造、各种生产资料的准备以及生产组织。

③毛坯制造和处理。

④零件的机械加工、热处理及其他表面处理。

⑤部件或产品的装配、检验、调试、油漆和包装等。

由上可知,机械产品的生产过程是相当复杂的。其整个路线称为工艺路线。

工艺过程是指改变生产对象的形状、尺寸、相对位置和性质等,使其成为半成品或成品的过程。它是生产过程的一部分。工艺过程可分为毛坯制造、机械加工、热处理和装配等工艺过程。

机械加工工艺过程是指用机械加工的方法直接改变毛坯的形状、尺寸和表面质量,使之成为零件或部件的那部分生产过程,它包括机械加工工艺过程和机器装配工艺过程。本书所称工艺过程均指机械加工工艺过程,以下简称为工艺过程。

(2)工艺过程的组成

在机械加工工艺过程中,针对零件的结构特点和技术要求,要采用不同的加工方法和装备,按照一定的顺序进行加工,才能完成由毛坯到零件的过程。组成机械加工工艺过程的基本单元是工序。工序又由安装、工位、工步和走刀等组成。

1)工序

一个或一组工人,在一个工作地点对同一个或同时对几个工件进行加工所连续完成的那部分工艺过程,称之为工序。由定义可知,判别是否为同一工序的主要依据是:工作地点是否变动和加工是否连续。

生产规模不同,加工条件不同,其工艺过程及工序的划分也不同。图 4.1 所示的阶梯轴,根据加工是否连续和变换机床的情况,小批量生产时,可划分为表 4.1 所示的三道工序;大批大量生产时,则可划分为表 4.2 所示的五道工序;单件生产时,甚至可以划分为表 4.3 所示的两道工序。

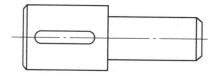

图 4.1　阶梯轴

2)安装

在加工前,应先使工件在机床上或夹具中占有正确的位置,这一过程称为定位。工件定位后,将其固定,使其在加工过程中保持定位位置不变的操作称为夹紧。将工件在机床或夹具中每定位、夹紧一次所完成的那一部分工序内容称为安装。一道工序中,工件可能被安装一次或多次。

表4.1 小批量生产的工艺过程

工序号	工序内容	设 备
1	车一端面,钻中心孔;调头车另一端面,钻中心孔	车床
2	车大端外圆及倒角;车小端外圆及倒角	车床
3	铣键槽;去毛刺	铣床

表4.2 大批大量生产的工艺过程

工序号	工序内容	设 备
1	铣端面,钻中心孔	中心孔机床
2	车大端外圆及倒角	车床
3	车小端外圆及倒角	车床
4	铣键槽	立式铣床
5	去毛刺	钳工

表4.3 单件生产的工艺过程

工序号	工序内容	设 备
1	车一端面,钻中心孔;车另一端面,钻中心孔;车大端外圆及倒角;车小端外圆及倒角	车床
2	铣键槽,去毛刺	铣床

3)工位

为了完成一定的工序内容,一次安装工件后,工件与夹具或设备的可动部分一起相对刀具或设备的固定部分所占据的每一个位置称为工位。为了减少由于多次安装带来的误差和时间损失,加工中常采用回转工作台、回转夹具或移动夹具,使工件在一次安装中先后处于几个不同的位置进行加工,称为多工位加工。图4.2所示为一利用回转工作台,可在一次安装中依次完成装卸工件、钻孔、扩孔、铰孔四个工位加工。采用多工位加工方法,既可以减少安装次数,提高加工精度,并减轻工人的劳动强度;又可以使各工位的加工与工件的装卸同时进行,提高劳动生产率。

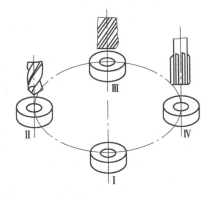

图4.2 多工位加工

4)工步

工序又可分成若干工步。加工表面不变、切削刀具不变、切削用量中的进给量和切削速度基本保持不变的情况下所连续完成的那部分工序内容,称为工步。以上三个不变因素中只要有一个因素改变,即成为新的工步。一道工序包括一个或几个工步。

为简化工艺文件,对于那些连续进行的几个相同的工步,通常可看作一个工步。为了提高生产率,常将几个待加工表面用几把刀具同时加工,这种由刀具合并起来的工步,称为复合工步,如图4.3所示。复合工步在工艺规程中也写作一个工步。

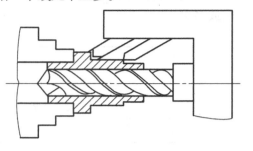

图4.3 复合工步

5)走刀

在一个工步中,若需切去的金属层很厚,则可分为几次切削,而每进行一次切削就是一次走刀。一个工步可以包括一次或几次走刀。

4.1.2 生产纲领和生产类型

(1)生产纲领

生产纲领是指企业在计划期内应当生产的产品产量和进度计划。计划期通常为 1 年,所以生产纲领也称为年产量。

对于零件而言,产品的产量除了制造机器所需要的数量之外,还要包括一定的备品和废品,因此零件的生产纲领应按下式计算:

$$N = Q_n(1 + a\%)(1 + b\%) \tag{4.1}$$

式中　N——零件的年产量,件/年;

　　　Q——产品的年产量,台/年;

　　　n——每台产品中该零件的数量,件/台;

　　　$a\%$——该零件的备品率;

　　　$b\%$——该零件的废品率。

(2)生产类型

生产类型是指企业生产专业化程度的分类。人们按照产品的生产纲领、投入生产的批量,可将生产分为单件生产、批量生产和大量生产三种类型。

1)单件生产

单个生产不同结构和尺寸的产品,很少重复甚至不重复,这种生产称为单件生产。如新产品试制、维修车间的配件制造和重型机械制造等都属此种生产类型。其特点是:生产的产品种类较多,而同一产品的产量很小,工作地点的加工对象经常改变。

2)大量生产

同一产品的生产数量很大,大多数工作地点经常按一定节奏重复进行某一零件某一工序的加工,这种生产称为大量生产。如自行车制造和一些链条厂、轴承厂等专业化生产即属此种生产类型。其特点是:同一产品的产量大,工作地点较少改变,加工过程重复。

3）批量生产

一年中分批轮流制造几种不同的产品,每种产品均有一定的数量,加工对象周期性地重复,这种生产称为成批生产。如一些通用机械厂、某些农业机械厂、陶瓷机械厂、造纸机械厂、烟草机械厂等的生产即属这种生产类型。其特点是:产品的种类较少,有一定的生产数量,加工对象周期性地改变,加工过程周期性地重复。

同一产品(或零件)每批投入生产的数量称为批量。根据批量的大小又可分为大批量生产、中批量生产和小批量生产。小批量生产的工艺特征接近单件生产,大批量生产的工艺特征接近大量生产。

根据前面公式计算的零件生产纲领,参考表 4.4 即可确定生产类型。不同生产类型的制造工艺有不同特征,各种生产类型的工艺特征见表 4.5。

表 4.4　生产类型和生产纲领的关系

生产类型		生产纲领(件/年或台/年)		
		重型(30 kg 以上)	中型(4～30 kg)	轻型(4 kg 以下)
单件生产		5 以下	10 以下	100 以下
批量生产	小批量生产	5～100	10～200	100～500
	中批量生产	100～300	200～500	500～5 000
	大批量生产	300～1 000	500～5 000	5 000～50 000
大量生产		1 000 以上	5 000 以上	50 000 以上

表 4.5　各种生产类型的工艺特点

工艺特点	单件生产	批量生产	大量生产
毛坯的制造方法	铸件用木模手工造型,锻件用自由锻	铸件用金属模造型,部分锻件用模锻	铸件广泛用金属模机器造型,锻件用模锻
零件互换性	无需互换、互配,零件可成对制造,广泛用修配法装配	大部分零件有互换性,少数用修配法装配	全部零件有互换性,某些要求精度高的配合,采用分组装配
机床设备及其布置	采用通用机床;按机床类别和规格采用"机群式"排列	部分采用通用机床,部分专用机床;按零件加工分"工段"排列	广泛采用生产率高的专用机床和自动机床;按流水线形式排列
夹具	很少用专用夹具,由划线和试切法达到设计要求	广泛采用专用夹具,部分用划线法进行加工	广泛用专用夹具,用调整法达到精度要求
刀具和量具	采用通用刀具和万能量具	较多采用专用刀具和专用量具	广泛采用高生产率的刀具和量具
对技术工人要求	需要技术熟练的工人	各工种需要一定熟练程度的技术工人	对机床调整工人技术要求高,对机床操作工人技术要求低
对工艺文件的要求	只有简单的工艺过程卡	有详细的工艺过程卡或工艺卡,零件的关键工序有详细的工序卡	有工艺过程卡、工艺卡和工序卡等详细的工艺文件

4.1.3　机械加工工艺规程的概念

机械加工工艺规程是将产品或零部件的制造工艺过程和操作方法按一定格式固定下来的技术文件。它是在具体生产条件下,本着最合理、最经济的原则编制而成的,经审批后用来指导生产的法规性文件。

机械加工工艺规程包括零件加工工艺流程、加工工序内容、切削用量、采用设备及工艺装备、工时定额等。

4.1.4　机械加工工艺规程的作用

机械加工工艺规程是机械制造工厂最主要的技术文件,是工厂规章制度的重要组成部分,其作用主要有:

①它是组织和管理生产的基本依据。工厂进行新产品试制或产品投产时,必须按照工艺规程提供的数据进行技术准备和生产准备,以便合理编制生产计划,合理调度原材料、毛坯和设备,及时设计制造工艺装备,科学地进行经济核算和技术考核。

②它是指导生产的主要技术文件。工艺规程是在结合本厂具体情况,总结实践经验的基础上,依据科学的理论和必要的工艺实验后制订的。它反映了加工过程中的客观规律,工人必须按照工艺规程进行生产,才能保证产品质量,才能提高生产效率。

③它是新建和扩建工厂的原始资料。根据工艺规程,可以确定生产所需的机械设备、技术工人、基建面积以及生产资源等。

④它是进行技术交流、开展技术革新的基本资料。典型和标准的工艺规程能缩短生产的准备时间,提高经济效益。先进的工艺规程必须广泛吸取合理化建议,不断交流工作经验,才能适应科学技术的不断发展。工艺规程则是开展技术革新和技术交流必不可少的技术语言和基本资料。

4.1.5　机械加工工艺规程的类型

根据原机械电子工业部指导性技术文件 JB/Z 338.5《工艺管理导则　工艺规程设计》中规定,工艺规程的类型有:

1)专用工艺规程

专用工艺规程是针对每一个产品和零件所设计的工艺规程。

2)通用工艺规程

通用工艺规程包括:

①典型工艺规程——为一组结构相似的零部件所设计的通用工艺规程;

②成组工艺规程——按成组技术原理将零件分类成组,针对每一组零件所设计的通用工艺规程;

③标准工艺规程——已纳入国家标准或工厂标准的工艺规程。

为了适应工业发展的需要、加强科学管理和便于交流,原机械电子工业部还制订了指导性技术文件(JB/Z 187.3—88《工艺规程格式》)。按照规定,属于机械加工工艺规程的有:

①机械加工工艺过程卡片:主要列出零件加工所经过的整个工艺路线以及工装设备和工

时等内容,多作为生产管理使用。

②机械加工工序卡片:用来具体指导工人操作的一种最详细的工艺文件,卡片上要画出工序简图,注明该工序的加工表面及应达到的尺寸精度和粗糙度要求、工件的安装方式、切削用量、工装设备等内容。

③标准零件或典型零件工艺过程卡片。

④单轴自动车床调整卡片。

⑤多轴自动车床调整卡片。

⑥机械加工工序操作指导卡片。

⑦检验卡片等。

最常用的机械加工工艺过程卡片和机械加工工序卡片的格式如表4.6至表4.8所示。

表4.6 机械加工工艺过程卡

厂名	综合工艺过程卡	产品名称及型号			零件名称			零件图号			
		材料	名称		毛坯	种类		零件重量/kg	毛重		第 页
			牌号			尺寸			净重		共 页
			性能		每料件数			每台件数		每批件数	
工序号	工序内容			加工车间	设备名称及编号	工艺装备名称及编号			工人技术等级	时间定额/min	
						夹具	刀具	量具		单件	准备-终结
1											
2											
更改内容											
编制			抄写			校对		审核			批准	

表4.7 机械加工工艺卡

厂名	综合工艺过程卡	产品名称及型号			零件名称			零件图号						
		材料	名称		毛坯	种类		零件重量/kg	毛重			第 页		
			牌号			尺寸			净重			共 页		
			性能		每料件数			每台件数		每批件数				
工序	安装	工步	工序内容	同时加工零件数	切削用量				设备名称及编号	工艺装备名称及编号			工人技术等级	时间定/min
					切削深度/mm	切削速度/m·min⁻¹	r/min或每分钟往复次数	进给量(mm/r或mm/双行程)		夹具	刀具	量具		单件 准备终结
1														

续表

厂名	综合工艺过程卡	产品名称及型号		零件名称		零件图号			
		材料	名称	毛坯	种类	零件重量/kg	毛坯		第　页
			牌号		尺寸		净重		共　页
			性能	每料件数		每台件数		每批件数	
2									
更改内容									
编制		抄写			校对		审核		批准

表4.8　机械加工工序卡

厂名	机械加工工艺卡	产品名称及型号	零件名称	零件图号	工序名称	工序号	第　页
							第　页

车间	工段	材料名称	材料牌号	力学性能
同时加工件数	每料件数	技术等级	单件时间/min	准备-终结时间/min
设备名称	设备编号	夹具名称	夹具编号	切削液

更改内容

工序号	工序内容	计算数据/mm			进给次数	切削用量				时间定额/min			刀具、量具及辅助工具				
		直径或长度	进给长度	单边余量		切削深度/mm	进给量(mm/r或m/min)	r/min或双行程/min	切削速度/(m·min⁻¹)	基本时间	辅助时间	工作地点服务时间	工具名	名称	规格	编号	数量
1																	
2																	
3																	
编制		抄写			校对			审核			批准						

4.1.6　制订工艺规程的原则和依据

(1)制订工艺规程的原则

制订工艺规程时,必须遵循以下原则:

①必须充分利用本企业现有的生产条件。

②必须可靠地加工出符合图纸要求的零件,保证产品质量。

③保证良好的劳动条件,提高劳动生产率。

④在保证产品质量的前提下,尽可能降低消耗、降低成本。

⑤应尽可能采用国内外先进工艺技术。

由于工艺规程是直接指导生产和操作的技术文件,因此工艺规程还应做到清晰、正确、完整和统一,所用术语、符号、编码、计量单位等都必须符合相关标准。

(2)制订工艺规程的主要依据

制订工艺规程时,必须依据如下原始资料:

①产品的装配图和零件的工作图。

②产品的生产纲领。

③本企业现有的生产条件,包括毛坯的生产条件或协作关系、工艺装备和专用设备及其制造能力、工人的技术水平以及各种工艺资料和标准等。

④产品验收的质量标准。

⑤国内外同类产品的新技术、新工艺及其发展前景等的相关信息。

4.1.7　制订工艺规程的步骤

制订机械加工工艺规程的步骤大致如下:

①熟悉和分析制订工艺规程的主要依据,确定零件的生产纲领和生产类型。

②分析零件工作图和产品装配图,进行零件结构工艺性分析。

③确定毛坯,包括选择毛坯类型及其制造方法。

④选择定位基准或定位基面。

⑤拟定工艺路线。

⑥确定各工序需用的设备及工艺装备。

⑦确定工序余量、工序尺寸及其公差。

⑧确定各主要工序的技术要求及检验方法。

⑨确定各工序的切削用量和时间定额,并进行技术经济分析,选择最佳工艺方案。

⑩填写工艺文件。

4.1.8　制订工艺规程时要解决的主要问题

制订工艺规程时,主要解决以下几个问题:

①零件图的研究和工艺分析。

②毛坯的选择。

③位基准的选择。

④艺路线的拟订。

⑤序内容的设计,包括机床设备及工艺装备的选择,加工余量和工序尺寸的确定,切削用量的确定,热处理工序的安排,工时定额的确定等。

学习工作单

工 作 单	机械加工工艺基础认识		
任　　务	掌握机械加工工艺工艺过程和生产内容,工序,工步,工位,走刀,生产纲领,生产类型等的概念;理解机械加工"三卡一图"技术文件		
班　　级		姓　　名	
学习小组		工作时间	2 学时

[知识认知]

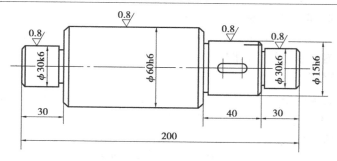

不同生产条件下加工该阶梯

1. 分组讨论加工该零件的工艺过程(加工步骤)。
2. 描述该零件的加工工艺过程的工序、工步、工位、装夹。
3. 简述不同生产类型条件下,选择加工方法如何变化(上图)。

任务学习其他说明或建议:
指导老师评语:

任务完成人签字:

　　　　　　　　　　　　　　　　日期:　　年　　月　　日

指导老师签字:

　　　　　　　　　　　　　　　　日期:　　年　　月　　日

任务 4.2　零件图的工艺分析

任务要求

1. 掌握零件图纸技术分析方法。
2. 理解零件的结构工艺性。
3. 识记零件的结构工艺性优缺点。

任务实施

制定零件的机械加工工艺规程前,必须认真研究零件图,对零件进行工艺分析。

4.2.1　零件图的技术分析

零件图是制订工艺规程最主要的原始资料。只有通过对零件图和装配图的分析,才能了解产品的性能、用途和工作条件,明确各零件的相互装配位置和作用,了解零件的主要技术要求,找出生产合格产品的关键技术问题。零件图的研究包括三项内容:

1)检查零件图的完整性和正确性

主要检查零件视图是否表达直观、清晰、准确、充分;尺寸、公差、技术要求是否合理、齐全。如有错误或遗漏,应提出修改意见。

2)分析零件材料选择是否恰当

零件材料的选择应立足于国内,尽量采用我国资源丰富的材料,尽量避免采用贵重金属;同时,所选材料必须具有良好的加工性。

3)分析零件的技术要求

包括零件加工表面的尺寸精度、形状精度、位置精度、表面粗糙度、表面微观质量以及热处理等要求。分析零件的这些技术要求在保证使用性能的前提下是否经济合理,在本企业现有生产条件下是否能够实现。

4.2.2　零件的结构工艺性分析

零件的结构工艺性是指所设计的零件在不同类型的具体生产条件下,零件毛坯的制造、零件的加工和产品的装配所具备的可行性和经济性。零件结构工艺性涉及面很广,具有综合性,必须全面综合地分析。零件的结构对机械加工工艺过程的影响很大,不同结构的两个零件尽管都能满足使用要求,但它们的加工方法和制造成本却可能有很大的差别。所谓具有良好的结构工艺性,应是在不同生产类型的具体生产条件下,对零件毛坯的制造、零件的加工和产品的装配,都能以较高的生产率和最低的成本、采用较经济的方法进行并能满足使用性能的。在制订机械加工工艺规程时,主要对零件切削加工工艺性进行分析。

两使用性能完全相同的零件,因结构稍有不同,其制造成本就有很大的差别。零件机械加工结构工艺性的对比见表4.9。

表4.9 零件的结构工艺性对比

序号	零件结构			
	工艺性不好		工艺性好	
1	车螺纹时,螺纹根部易打刀,且不能清根			留有退刀槽,可使螺纹清根,避免打刀
2	插齿无退刀空间,小齿轮无法加工			对大齿轮可进行滚齿或插齿,对小齿轮可进行插齿加工
3	两端轴颈需磨削加工因砂轮圆角而不能清根			留有砂轮越程,磨削时可以清根
4	斜面钻孔,钻头易引偏			只要结构允许留出平台,可直接钻孔
5	加工面高度不同,需两次调整刀具加工,影响生产率			加工面在同一高度,一次调整刀具可加工两个平面
6	三个退刀槽的宽度有三种尺寸,需用三把不同尺寸的刀具加工			同一宽度尺寸的退刀槽,使用一把刀具即加工
7	内壁孔出口处有阶梯面,钻孔时孔易钻偏或钻头折断			内壁孔出口处平整,钻孔方便,易保证孔中心位置度

4.2.3　零件工艺分析应重点研究的几个问题

对于较复杂的零件,在进行工艺分析时还必须重点研究以下三个方面的问题:

1)主次表面的区分和主要表面的保证

零件的主要表面是指零件与其他零件相配合的表面,或是直接参与机器工作过程的表面。主要表面以外的其他表面称为次要表面。根据主要表面的质量要求,便可确定所应采用的加工方法以及采用哪些最后加工的方法来保证实现这些要求。

2)重要技术条件分析

零件的技术条件一般是指零件的表面形状精度和位置精度,静平衡、动平衡要求,热处理、表面处理,探伤要求和气密性试验等。重要技术条件是影响工艺过程制订的重要因素,通常会影响到基准的选择和加工顺序,还会影响工序的集中与分散。

3)零件图上表面位置尺寸的标注

零件上各表面之间的位置精度是通过一系列工序加工后获得的,这些工序的顺序与工序尺寸和相互位置关系的标注方式直接相关。这些尺寸的标注必须做到尽量使定位基准、测量基准与设计基准重合,以减少基准不重合带来的误差。

学习工作单

工　作　单	零件图的工艺分析		
任　　务	理解零件的技术要求和结构工艺性;会辨别零件结构工艺性的优劣		
班　　级		姓　　名	
学习小组		工作时间	1学时
[知识认知]			

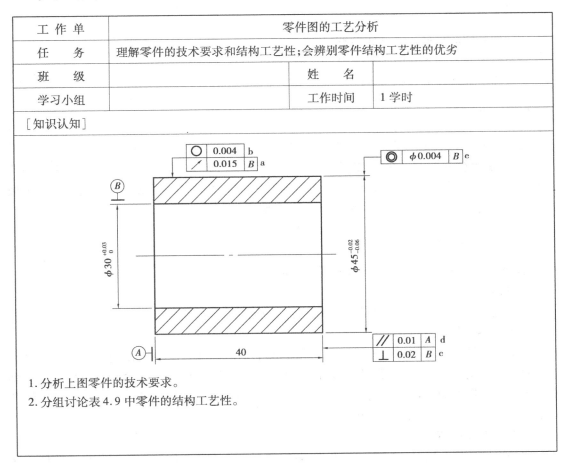

1.分析上图零件的技术要求。

2.分组讨论表4.9中零件的结构工艺性。

续表

任务学习其他说明或建议：	
指导老师评语：	
任务完成人签字： 指导老师签字：	日期： 年 月 日 日期： 年 月 日

任务4.3 毛坯的选择

任务要求

1.了解常见的机械加工毛坯种类。

2.理解不同类型毛坯的工艺特点。

3.掌握毛坯选择的原则及方法。

任务实施

选择毛坯,主要是确定毛坯的种类、制造方法及其制造精度。毛坯的形状、尺寸越接近成品,切削加工余量就越少,从而可以提高材料的利用率和生产效率,但这样往往会使毛坯制造困难,需要采用昂贵的毛坯制造设备,从而增加毛坯的制造成本。所以选择毛坯时应从机械加工和毛坯制造两方面出发,综合考虑以求最佳效果。

4.3.1 毛坯的种类

毛坯的种类很多,同一种毛坯又有多种制造方法。

(1)铸件

铸件适用于形状复杂的零件毛坯。根据铸造方法的不同,铸件又分为:

1)砂型铸造的铸件

这是应用最为广泛的一种铸件。它又有木模手工造型和金属模机器造型之分。木模手工造型铸件精度低,加工表面需留较大的加工余量;木模手工造型生产效率低,适用于单件小批生产或大型零件的铸造。金属模机器造型生产效率高,铸件精度也高,但设备费用高,铸件质量也受限制,适用于大批量生产的中小型铸件。

2)金属型铸造铸件

它是将熔融的金属浇注到金属模具中,依靠金属自重充满金属铸型腔而获得的铸件。这种铸件比砂型铸造铸件精度高、表面质量和力学性能好,生产效率也较高,但需专用的金属型腔模,适用于大批量生产中的尺寸不大的有色金属铸件。

3)离心铸造铸件

它是将熔融金属注入高速旋转的铸型内,在离心力的作用下,金属液充满型腔而形成的铸件。这种铸件晶粒细,金属组织致密,零件的力学性能好,外圆精度及表面质量高,但内孔精度差,且需要专门的离心浇注机,适用于批量较大的黑色金属和有色金属的旋转体铸件。

4)压力铸造铸件

它是将熔融的金属在一定的压力作用下,以较高的速度注入金属型腔内而获得的铸件。这种铸件精度高,可达 IT11~IT13;表面粗糙度值小,R_a 可达 $3.2~0.4~\mu m$;铸件力学性能好。这种方式可铸造各种结构较复杂的零件,铸件上各种孔眼、螺纹、文字及花纹图案均可铸出,但需要一套昂贵的设备和型腔模,适用于批量较大的形状复杂、尺寸较小的有色金属铸件。

5)精密铸造铸件

它是将石蜡通过型腔模压制成与工件一样的蜡制件,再在蜡制工件周围粘上特殊型砂,凝固后将其烘干焙烧,蜡被蒸化而放出,留下工件形状的模壳,用来浇铸。精密铸造铸件精度高,表面质量好,一般用来铸造形状复杂的铸钢件,可节省材料,降低成本,是一项先进的毛坯制造工艺。

(2)锻件

锻件适用于强度要求高、形状比较简单的零件毛坯,其锻造方法有自由锻和模锻两种。

自由锻造锻件是在锻锤或压力机上用手工操作而成形的锻件。它的精度低,加工余量大,生产率也低,适用于单件小批生产及大型锻件。

模锻件是在锻锤或压力机上,通过专用锻模锻制成形的锻件。它的精度和表面粗糙度均比自由锻造好,可以使毛坯形状更接近工件形状,加工余量小。同时,由于模锻件的材料纤维组织分布好,锻制件的机械强度高。模锻的生产效率高,但需要专用的模具,且锻锤的吨位也要比自由锻造大,主要适用于批量较大的中小型零件。

(3)焊接件

焊接件是根据需要将型材或钢板焊接而成的毛坯。它制作方便、简单,但需要经过热处理才能进行机械加工,适用于单件小批生产中制造大型毛坯。其优点是制造简便,加工周期短,毛坯质量轻;缺点是焊接件抗振动性差,机械加工前需经过时效处理以消除内应力。

(4)冲压件

冲压件是通过冲压设备对薄钢板进行冷冲压加工而得到的零件。它可以非常接近成品要求,冲压零件可以作为毛坯,有时还可以直接成为成品。冲压件的尺寸精度高,适用于批量较大而零件厚度较小的中小型零件。

(5)型材

型材主要通过热轧或冷拉而成。热轧的精度低,价格较冷拉的便宜,用于一般零件的毛坯。冷拉的尺寸小,精度高,易于实现自动送料,但价格贵,多用于批量较大且在自动机床上进行加工的情形。按其截面形状,型材可分为圆钢、方钢、六角钢、扁钢、角钢、槽钢以及其他特殊截面的型材。

(6)冷挤压件

冷挤压件是在压力机上通过挤压模掠夺而成,其生产效率高。冷挤压毛坯精度高,表面粗糙度值小,可以不再进行机械加工,但要求材料塑性好,主要为有色金属和塑性好的钢材,适用于大批量生产中制造形状简单的小型零件。

（7）粉末冶金件

粉末冶金件是以金属粉末为原料,在压力机上通过模具压制成型后经高温烧结而成。其生产效率高,零件的精度高,表面粗糙度值小,一般可不再进行精加工,但金属粉末成本较高,适用于大批大量生产中压制形状较简单的小型零件。

4.3.2　确定毛坯时应考虑的因素

在确定毛坯时应考虑以下因素：

1）零件的材料及其力学性能

当零件的材料选定以后,毛坯的类型就大体确定了。例如,材料为铸铁的零件,自然应选择铸造毛坯；而对于重要的钢质零件,力学性能要求高时,可选择锻造毛坯。

2）零件的结构和尺寸

形状复杂的毛坯常采用铸件,但对于形状复杂的薄壁件,一般不能采用砂型铸造；对于一般用途的阶梯轴,如果各段直径相差不大、力学性能要求不高时,可选择棒料做毛坯；倘若各段直径相差较大,为了节省材料,应选择锻件。

3）生产类型

当零件的生产批量较大时,应采用精度和生产率都比较高的毛坯制造方法,这时毛坯制造增加的费用可由材料耗费减少的费用以及机械加工减少的费用来补偿。

4）现有生产条件

选择毛坯类型时,要结合本企业的具体生产条件,如现场毛坯制造的实际水平和能力、外协的可能性等。

5）充分考虑利用新技术、新工艺和新材料的可能性

为了节约材料和能源,减少机械加工余量,提高经济效益,只要有可能,就必须尽量采用精密铸造、精密锻造、冷挤压、粉末冶金和工程塑料等新工艺、新技术和新材料。

4.3.3　确定毛坯时的几项工艺措施

实现少切屑、无切屑加工,是现代机械制造技术的发展趋势。但是,由于毛坯制造技术的限制,加之现代机器对零件精度和表面质量的要求越来越高,为了保证机械加工能达到质量要求,毛坯的某些表面仍需留有加工余量。加工毛坯时,由于一些零件形状特殊,安装和加工不大方便,必须采取一定的工艺措施才能进行机械加工。以下列举几种常见的工艺措施。

①为了便于安装,有些铸件毛坯需铸出工艺搭子。工艺搭子在零件加工完毕后一般应切除,如对使用和外观没有影响,也可保留在零件上。

②装配后需要形成同一工作表面的两个相关偶件,为了保证加工质量并使加工方便,常常将这些分离零件先制作成一个整体毛坯,加工到一定阶段后再切割分离。如车床走刀系统中的开合螺母外壳,其毛坯就是两件合制的；柴油机连杆大端也是合制的。

③对于形状比较规则的小型零件,为了便于安装和提高机械加工的生产率,可将多件合成一个毛坯,加工到一定阶段后,再分离成单件（如滑键）,对毛坯的各平面加工好后再切离成单件,再对单件进行加工。

学习工作单

工 作 单	学会零件毛坯选择		
任 务	了解常见的机械加工毛坯种类;识记毛坯选择的原则以及对应的处理加工方法;熟知常见的毛坯形状和尺寸		
班 级		姓 名	
学习小组		工作时间	1学时

[知识认知]

1.分析、比较不同类型毛坯的特点。

2.通过训练掌握毛坯选择的方法。

3.观看各种毛坯的制造方法及工艺特点的视频。

任务学习其他说明或建议:

指导老师评语:

任务完成人签字:

日期: 年 月 日

指导老师签字:

日期: 年 月 日

任务4.4　定位基准的选择

任务要求

1. 理解基准的概念及其分类；
2. 掌握定位基准的选定方法。

任务实施

定位基准的选择对于保证零件的尺寸精度和位置精度以及合理安排加工顺序都有很大影响，当使用夹具安装工件时，定位基准的选择还会影响夹具结构的复杂程度。因此，定位基准的选择是制订工艺规程时必须认真考虑的一个重要工艺问题。

4.4.1　基准的概念及其分类

基准是指确定零件上某些点、线、面位置时所依据的那些点、线、面，或者说是用来确定生产对象上几何要素间的几何关系所依据的那些点、线、面。

按其作用的不同，基准可分为设计基准和工艺基准两大类。

（1）设计基准

设计基准是指零件设计图上用来确定其他点、线、面位置关系所采用的基准，如图4.4所示。

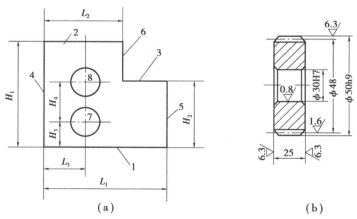

（a）　　　　　　　　　　　　　　　（b）

图4.4　设计基准的实例

（2）工艺基准

工艺基准是指在加工或装配过程中所使用的基准。根据其使用场合的不同，工艺基准又可分为工序基准、定位基准、测量基准和装配基准四种。

①工序基准：在工序图上用来确定本工序所加工表面加工后的尺寸、形状、位置的基准，即工序图上的基准。

②定位基准：在加工时用作定位的基准，它是工件上与夹具定位元件直接接触的点、线、面。

③测量基准:在测量零件已加工表面的尺寸和位置时所采用的基准。

④装配基准:装配时用来确定零件或部件在产品中的相对位置所采用的基准。

4.4.2　基准问题的分析

分析基准时,必须注意以下几点:

①基准是制订工艺的依据,必然是客观存在的。当作为基准的是轮廓要素,如平面、圆柱面等时,容易直接接触到,也比较直观。但是有些作为基准的是中心要素,如圆心、球心、对称轴线等时,虽无法触及,但它们却也是客观存在的。

②当作为基准的要素无法触及时,通常由某些具体的表面来体现,这些表面称为基面。如轴的定位则可以外圆柱面为定位基面,这类定位基准的选择则转化为恰当地选择定位基面的问题。

③作为基准,可以是没有面积的点、线以及面积极小的面,但是工件上代表这种基准的基面总是有一定接触面积的。

④不仅表示尺寸关系的基准问题如上所述,表示位置精度的基准关系也是如此。

4.4.3　定位基准的选择

选择定位基准时应符合两点要求:

①各加工表面应有足够的加工余量,非加工表面的尺寸、位置符合设计要求;

②定位基面应有足够大的接触面积和分布面积,以保证能承受大的切削力,保证定位稳定可靠。

定位基准可分为粗基准和精基准。若选择未经加工的表面作为定位基准,这种基准被称为粗基准。若选择已加工的表面作为定位基准,则这种定位基准称为精基准。粗基准考虑的重点是如何保证各加工表面有足够的余量,而精基准考虑的重点是如何减少误差。在选择定位基准时,通常是从保证加工精度要求出发的,因此分析定位基准选择的顺序应从精基准到粗基准。

(1)精基准的选择

选择精基准应考虑如何保证加工精度和装夹可靠方便,一般应遵循以下原则:

1)基准重合原则

应尽可能选择设计基准作为定位基准。这样可以避免基准不重合引起的误差。如图 4.5 所示为采用调整法加工 C 面,则尺寸 c 的加工误差 T_c 不仅包含本工序的加工误差 Δ_j,而且还包括基准不重合带来的设计基准与定位基准之间的尺寸误差 T_a。如果采用如图 4.6 所示的方式安装工件,则可消除基准不重合误差。

2)基准统一原则

应尽可能采用同一个定位基准加工工件上的各个表面。采用基准统一原则,可以简化工艺规程的制定,减少夹具数量,节约夹具设计和制造费用;同时由于减少了基准的转换,更有利于保证各表面间的相互位置精度。利用两中心孔加工轴类零件的各外圆表面,即符合基准统一原则。

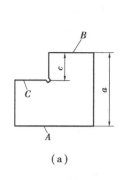 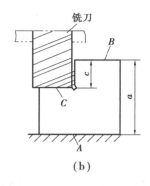 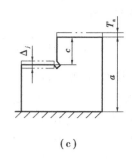

（a） （b） （c）

图 4.5 基准不重合误差示例

3）互为基准原则

对工件上两个相互位置精度要求比较高的表面进行加工时,可以利用两个表面互相作为基准,反复进行加工,以保证位置精度要求。例如,为保证套类零件内外圆柱面较高的同轴度要求,可先以孔为定位基准加工外圆,再以外圆为定位基准加工内孔,这样反复多次,就可使两者的同轴度达到很高要求。

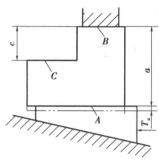

4）自为基准原则

即某些加工表面加工余量小而均匀时,可选择加工表面本身作为定位基准。如图 4.7 所示,在导轨磨床上磨削床身导轨面时,就是以导轨面本身为基准,用百分表来找正定位的。

图 4.6 基准重合工件安装示意图

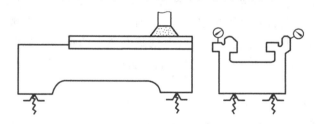

图 4.7 自为基准实例

5）准确可靠原则

所选基准应保证工件定位准确、安装可靠;夹具设计简单、操作方便。

（2）粗基准的选择

粗基准选择应遵循以下原则:

①为了保证重要加工表面加工余量均匀,应选择重要加工表面作为粗基准。

②为了保证非加工表面与加工表面之间的相对位置精度要求,应选择非加工表面作为粗基准;如果零件上同时具有多个非加工面时,应选择与加工面位置精度要求最高的非加工表面作为粗基准。

③有多个表面需要一次加工时,应选择精度要求最高或者加工余量最小的表面作为粗基准。

④粗基准在同一尺寸方向上通常只允许使用一次。

⑤选作粗基准的表面应平整光洁,有一定面积,无飞边、浇口、冒口,以保证定位稳定、夹紧可靠。

无论是粗基准还是精基准的选择,上述原则都不可能同时满足,有时甚至互相矛盾,因此选择基准时,必须具体情况具体分析,权衡利弊,保证零件的主要设计要求。

学习工作单

工 作 单	定位基准的选择		
任 务	了解定位基准的概念、作用;掌握定位基准的选择方法		
班 级		姓 名	
学习小组		工作时间	2 学时
[知识认知]			

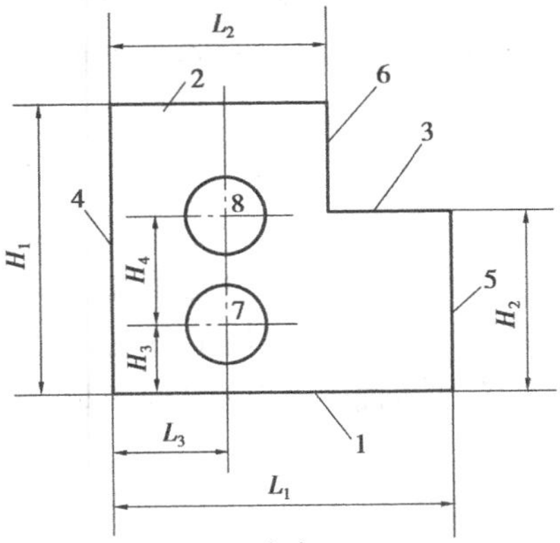

(a)   (b)

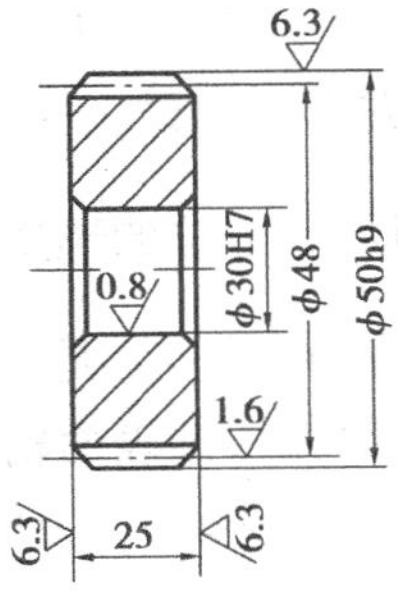

1. 叙述基准的基本概念和类型。
2. 说明工艺基准和设计基准的区别。
3. 叙述精基准的选择原则并分析实际零件的基准。

任务学习其他说明或建议:

指导老师评语:

任务完成人签字:

日期: 年 月 日

指导老师签字:

日期: 年 月 日

任务4.5 工艺路线的拟订

任务要求

1. 熟知零件表面加工的方法。
2. 理解加工阶段的划分原则。
3. 理解工序集中和工序分散的概念。
4. 掌握零件加工方法和顺序的安排。

任务实施

拟定工艺路线是制订工艺规程的关键一步,它不仅影响零件的加工质量和效率,而且影响设备投资、生产成本甚至工人的劳动强度。拟定工艺路线时,在选择好定位基准后,紧接着需要考虑如下几方面的问题。

4.5.1 表面加工方法的选择

表面加工方法的选择,就是为零件上每一个有质量要求的表面选择一套合理的加工方法。在选择时,一般先根据表面精度和粗糙度要求选择最终加工方法,然后再确定精加工前期工序的加工方法。选择加工方法,既要保证零件表面的质量,又要争取高生产效率,同时还应考虑以下因素:

(1)经济精度与经济粗糙度

任何一种加工方法可以获得的加工精度和表面粗糙度均有一个较大的范围。例如,精细的操作、选择低的切削用量,可以获得较高的精度,但又会降低生产率,提高成本;反之,如增大切削用量提高生产率,虽然成本降低了,但精度也降低了。所以,对一种加工方法,只有在一定的精度范围内才是经济的,这一定范围的精度就是指在正常加工条件下(采用符合质量标准的设备、工艺装备和标准技术等级的工人和合理加工的时间)所能达到的精度,称为经济精度。相应的表面粗糙度称为经济粗糙度。

表4.10至表4.12分别摘录了外圆、内孔和平面等典型加工方法和加工方案能达到的经济精度和经济粗糙度。

(2)零件结构形状和尺寸大小

零件的形状和尺寸影响加工方法的选择。如小孔一般用铰削加工,而较大的孔用镗削加工;箱体上的孔一般难于拉削而采用镗削或铰削;对于非圆的通孔,应优先考虑用拉削或批量较少时用插削加工;对于难磨削的小孔,可采用研磨加工。

(3)零件的材料及热处理要求

经淬火后的表面,一般应采用磨削加工;材料未淬硬的精密零件的配合表面,可采用刮研加工;对硬度低而韧性较大的金属,如铜、铝、镁铝合金等有色金属,为避免磨削时砂轮的嵌塞,一般不采用磨削加工,而采用精细车、精细镗、精铣等加工方法。

表 4.10 外圆柱加工方法

序号	加工方法	经济精度（公差等级）	经济粗糙度值 $R_a / \mu m$	适用范围
1	粗车	IT11 ~ 13	12.5 ~ 50	适用于淬火钢以外的各种金属
2	粗车—半精车	IT8 ~ 10	3.2 ~ 6.3	
3	粗车—半精车—精车	IT7 ~ 8	0.8 ~ 1.6	
4	粗车—半精车—精车—滚压（或抛光）	IT7 ~ 8	0.025 ~ 0.2	
5	粗车—半精车—粗磨	IT7 ~ 8	0.4 ~ 0.8	主要用于淬火钢，不宜用于有色金属
6	粗车—半精车—粗磨—精磨	IT6 ~ 7	0.1 ~ 0.4	
7	粗车—半精车—粗磨—精磨—超精磨	IT5 以上	0.006 ~ 0.025	极高精度的外圆表面
8	粗车—半精车—粗磨—精磨—研磨	IT5 以上	0.006 ~ 0.1	
9	粗车—半精车—精车—精细车	IT6 ~ 7	0.025 ~ 0.4	宜有色金属

表 4.11 孔加工方法

序号	加工方法	经济精度（公差等级）	经济粗糙度值 $R_a / \mu m$	适用范围
1	钻	IT11 ~ 13	12.5	适用于淬火钢以外的各种金属，孔径为 15 ~ 20 mm
2	钻—扩	IT8 ~ 10	1.6 ~ 6.3	
3	钻—扩—绞	IT7 ~ 8	0.8 ~ 1.6	
4	钻—扩—粗绞—精绞	IT7	0.8 ~ 1.6	
5	钻—扩—机绞—手绞	IT6 ~ 7	0.2 ~ 0.4	
6	钻—扩—拉	IT7 ~ 9	0.1 ~ 1.6	大批量孔制造
7	粗镗	IT11 ~ 13	6.3 ~ 12.5	适用于淬火钢以外的各种材料，毛坯有预铸预锻孔
8	粗镗—半精镗	IT9 ~ 10	1.6 ~ 3.2	
9	粗镗—半精镗—精镗	IT7 ~ 8	0.8 ~ 1.6	
10	粗镗—半精镗—精镗—浮动精镗	IT6 ~ 7	0.4 ~ 0.8	
11	粗镗—半精镗—磨孔	IT7 ~ 8	0.2 ~ 0.8	主要用于淬火钢，不宜用于有色金属
12	粗镗—半精镗—粗磨—精磨	IT6 ~ 7	0.1 ~ 0.2	
13	粗镗—半精镗—精镗—珩磨或研磨	IT6 ~ 7	0.025 ~ 0.2	精度要求极高的孔
14	粗镗—半精镗—精镗—精细镗（金刚石镗）	IT6 ~ 7	0.05 ~ 0.4	宜高精度有色金属孔

(4) 生产率和经济性

对于较大的平面，铣削加工生产率较高，而细长的平面用刨削加工；对于大量生产的低精度孔系，宜采用多轴钻；对批量较大的曲面加工，可采用靠模加工、数控加工和特种加工等加工方法。

表 4.12　平面加工方法

序号	加工方法	经济精度（公差等级）	经济粗糙度值 R_a/μm	适用范围
1	粗车	IT11 ~ 13	12.5 ~ 50	端平面
2	粗车—半精车	IT8 ~ 10	3.2 ~ 6.3	
3	粗车—半精车—精车	IT7 ~ 8	0.8 ~ 1.6	
4	粗车—半精车—粗磨	IT6 ~ 8	0.2 ~ 0.8	
5	粗刨或粗铣			一般不淬硬表面
6	粗刨或粗铣—精刨或精铣	IT6 ~ 7	0.1 ~ 0.4	
7	粗刨或粗铣—精刨或精铣—刮研	IT5 以上	0.006 ~ 0.025	较高精度的不淬硬表面
8	粗刨或粗铣—精刨或精铣—磨削	IT5 以上	0.006 ~ 0.1	精度要求高的淬硬平面或不淬硬平面
9	粗刨或粗铣—精刨或精铣—磨削—精磨	IT6 ~ 7	0.025 ~ 0.4	
10	粗铣—拉	IT7 ~ 9	0.2 ~ 0.8	大量生产的小平面
11	粗铣—精铣—磨削研磨	IT5 以上	0.006 ~ 0.1	高精度平面

（5）要根据生产类型选择加工方法

大批量生产时，应采用生产率高、质量稳定的专用设备和专用工艺装备。单件小批量生产时，则只能采用通用设备和工艺装备以及一般的加工方法。此外，还应考虑本企业的现有设备情况和技术条件以及充分利用新工艺、新技术。

（6）其他特殊要求

某些表面还有其他特殊要求，如工件表面纹理要求、表面力学性能要求等。

4.5.2　加工阶段的划分

为了保证零件的加工质量和合理地使用设备、人力，零件往往不可能在一个工序内完成全部加工工作，而必须将整个加工过程划分为粗加工、半精加工和精加工三大阶段。

粗加工阶段的任务是高效地切除各加工表面的大部分余量，使毛坯在形状和尺寸上接近成品；半精加工阶段的任务是消除粗加工留下的误差，为主要表面的精加工做准备，并完成一些次要表面的加工；精加工阶段的任务是从工件上切除少量余量，保证各主要表面达到图纸规定的质量要求。另外，对零件上精度和表面粗糙度要求特别高的表面还应在精加工后增加光整加工，称为光整加工阶段。划分加工阶段的主要原因有：

1）保证零件加工质量

粗加工时切除的金属层较厚，会产生较大的切削力和切削热，所需的夹紧力也较大，因而工件会产生较大的弹性变形和热变形。另外，粗加工后由于内应力重新分布，也会使工件产生较大的变形。划分阶段后，粗加工造成的误差将通过半精加工和精加工予以纠正。

2）有利于合理使用设备

粗加工时可使用功率大、刚度好而精度较低的高效率机床，以提高生产率。精加工则可使用高精度机床，以保证加工精度要求。这样既充分发挥了机床各自的性能特点，又避免了以粗干精,延长了高精度机床的使用寿命。

3)便于及时发现毛坯缺陷

由于粗加工切除了各表面的大部分余量,毛坯的缺陷如气孔、砂眼、余量不足等可及早被发现,及时修补或报废,从而避免继续加工而造成的浪费。

4)避免损伤已加工表面

将精加工安排在最后,可以保护精加工表面在加工过程中少受损伤或不受损伤。

5)便于安排必要的热处理工序

划分阶段后,在适当的时机在机械加工过程中插入热处理,可使冷、热工序配合得更好,避免因热处理带来的变形。

值得指出的是,加工阶段的划分不是绝对的。例如,对那些加工质量不高、刚性较好、毛坯精度较高、加工余量小的工件,也可不划分或少划分加工阶段;对于一些刚性好的重型零件,由于装夹、运输费时,也常在一次装夹中完成粗、精加工。为了弥补不划分加工阶段引起的缺陷,可在粗加工之后松开工件,让工件的变形得到恢复,稍留间隔后用较小的夹紧力重新夹紧工件再进行精加工。

4.5.3　加工顺序的安排

复杂零件的机械加工要经过切削加工、热处理和辅助工序,在拟定工艺路线时必须将三者统筹考虑,合理安排顺序。

(1)切削加工工序顺序的安排原则

切削工序安排的总原则是:前期工序必须为后续工序创造条件,做好基准准备。具体原则如下:

1)基准先行

零件加工一开始,总是先加工精基准,然后再用精基准定位加工其他表面。例如,对于箱体零件,一般是以主要孔为粗基准加工平面,再以平面为精基准加工孔系;对于轴类零件,一般是以外圆为粗基准加工中心孔,再以中心孔为精基准加工外圆、端面等其他表面。如果有几个精基准,则应该按照基准转换的顺序和逐步提高加工精度的原则来安排基面和主要表面的加工。

2)先主后次

零件的主要表面一般都是加工精度或表面质量要求比较高的表面,它们的加工质量好坏对整个零件的质量影响很大,其加工工序往往也比较多,因此应先安排主要表面的加工,再将其他表面加工适当安排在它们中间穿插进行。通常将装配基面、工作表面等视为主要表面,而将键槽、紧固用的光孔和螺孔等视为次要表面。

3)先粗后精

一个零件通常由多个表面组成,各表面的加工一般都需要分阶段进行。在安排加工顺序时,应先集中安排各表面的粗加工,中间根据需要依次安排半精加工,最后安排精加工和光整加工。对于精度要求较高的工件,为了减小因粗加工引起的变形对精加工的影响,通常粗、精加工不应连续进行,而应分阶段、间隔适当时间进行。

4)先面后孔

对于箱体、支架和连杆等工件,应先加工平面后加工孔。因为平面的轮廓平整、面积大,先加工平面再以平面定位加工孔,既能保证加工时孔有稳定可靠的定位基准,又有利于保证孔与平面间的位置精度要求。

(2)热处理的安排

热处理工序在工艺路线中的安排,主要取决于零件的材料和热处理的目的。根据热处理的目的,一般可分为:

1)预备热处理

预备热处理的目的是消除毛坯制造过程中产生的内应力,改善金属材料的切削加工性能,为最终热处理做准备。属于预备热处理的有调质、退火、正火等,一般安排在粗加工前、后。安排在粗加工前,可改善材料的切削加工性能;安排在粗加工后,有利于消除残余内应力。

2)最终热处理

最终热处理的目的是提高金属材料的力学性能,如提高零件的硬度和耐磨性等。属于最终热处理的有淬火-回火、渗碳淬火-回火、渗氮等,对于仅仅要求改善力学性能的工件,正火、调质等有时也作为最终热处理。最终热处理一般应安排在粗加工、半精加工之后,精加工的前、后。变形较大的热处理,如渗碳淬火、调质等,应安排在精加工前进行,以便在精加工时纠正热处理的变形;变形较小的热处理,如渗氮等,则可安排在精加工之后进行。

3)时效处理

时效处理的目的是消除内应力、减少工件变形。时效处理分自然时效、人工时效和冰冷处理三大类。自然时效是指将铸件在露天放置几个月或几年;人工时效是指将铸件以 $50 \sim 100\ ℃/h$ 的速度加热到 $500 \sim 550\ ℃$,保温小时或更久,然后以 $20 \sim 50\ ℃/h$ 的速度随炉冷却;冰冷处理是指将零件置于 $0 \sim 80\ ℃$ 的某种气体中停留 $1 \sim 2\ h$。时效处理一般安排在粗加工之后、精加工之前。对于精度要求较高的零件,可在半精加工之后再安排一次时效处理;冰冷处理一般安排在回火处理之后或者精加工之后或者工艺过程的最后。

4)表面处理

为了表面防腐或表面装饰,有时需要对表面进行涂镀或发蓝等处理。涂镀是指在金属、非金属基体上沉积一层所需的金属或合金的过程。发蓝处理是一种钢铁的氧化处理,是指将钢件放入一定温度的碱性溶液中,使零件表面生成 $0.6 \sim 0.8\ \mu m$ 致密而牢固的 Fe_3O_4 氧化膜的过程,依处理条件的不同,该氧化膜呈现亮蓝色直至亮黑色,所以又称为煮黑处理。这种表面处理通常安排在工艺过程的最后。

(3)辅助工序的安排

辅助工序包括工件的检验、去毛刺、清洗、去磁和防锈等。辅助工序也是机械加工的必要工序,安排不当或遗漏,会给后续工序和装配带来困难,影响产品质量甚至机器的使用性能。例如,未去毛刺的零件装配到产品中会影响装配精度或危及工人安全,机器运行一段时间后,毛刺变成碎屑后混入润滑油中,将影响机器的使用寿命;用磁力夹紧过的零件如果不安排去磁,则可能将微细切屑带入产品中,也必然会严重影响机器的使用寿命,甚至还可能造成不必要的事故。因此,必须十分重视辅助工序的安排。

检验是最主要的辅助工序,它对保证产品质量有重要的作用。检验工序应安排在:

①粗加工阶段结束后;

②转换车间的前后,特别是进入热处理工序的前后;

③重要工序之前或加工工时较长的工序前后；

④特种性能检验，如磁力探伤、密封性检验等之前；

⑤全部加工工序结束之后。

4.5.4　工序的集中与分散

拟订工艺路线时，选定了各表面的加工工序和划分加工阶段之后，就可以将同一阶段中的各加工表面组合成若干工序。确定工序数目或工序内容的多少有两种不同的原则，它和设备类型的选择密切相关。

(1)工序集中与工序分散的概念

工序集中就是将工件的加工集中在少数几道工序内完成，每道工序的加工内容较多。工序集中又可分为：采用技术措施集中的机械集中，如采用多刀、多刃、多轴或数控机床加工等；采用人为组织措施集中的组织集中，如普通车床的顺序加工。

工序分散则是将工件的加工分散在较多的工序内完成。每道工序的加工内容很少，有时甚至每道工序只有一个工步。

(2)工序集中与工序分散的特点

1)工序集中的特点

①采用高效率的专用设备和工艺装备，生产效率高。

②减少了装夹次数，易于保证各表面间的相互位置精度，还能缩短辅助时间。

③工序数目少，机床数量、操作工人数量和生产面积都可减少，节省人力、物力，还可简化生产计划和组织工作。

④工序集中通常需要采用专用设备和工艺装备，使得投资大，设备和工艺装备的调整、维修较为困难，生产准备工作量大，转换新产品较麻烦。

2)工艺分散的特点

①设备和工艺装备简单、调整方便、工人便于掌握，容易适应产品的变换。

②可以采用最合理的切削用量，减少基本时间。

③对操作工人的技术水平要求较低。

④设备和工艺装备数量多、操作工人多、生产占地面积大。

工序集中与分散各有特点，应根据生产类型、零件的结构和技术要求、现有生产条件等综合分析后选用。如批量小时，为简化生产计划，多将工序适当集中，使各通用机床完成更多表面的加工，以减少工序数目；而批量较大时就可采用多刀、多轴等高效机床将工序集中。由于工序集中的优点较多，现代生产的发展多趋向于工序集中。

(3)工序集中与工序分散的选择

工序集中与工序分散各有利弊，应根据企业的生产规模、产品的生产类型、现有的生产条件、零件的结构特点和技术要求、各工序的生产节拍，进行综合分析后选定。

一般说来，单件小批生产采用组织集中，以便简化生产组织工作；大批量生产可采用较复杂的机械集中；对于结构简单的产品，可采用工序分散的原则；批量生产应尽可能采用高效机床，使工序适当集中。对于重型零件，为了减少装卸运输工作量，工序应适当集中；而对于刚性较差且精度高的精密工件，则工序应适当分散。随着科学技术的进步，先进制造技术的发展，目前的发展趋势是倾向于工序集中。

学习工作单

工 作 单	工艺路线的拟订		
任　　务	熟悉零件表面加工的方法;了解加工阶段的划分原则;识记工序集中和工序分散的概念;掌握工序顺序安排的内容		
班　　级		姓　　名	
学习小组		工作时间	2 学时

[知识认知]

1.分组叙述零件表面的常见加工方法。

2.圆柱体、孔和平面加工阶段的划分含义。

3.讨论工序集中和工序分散的优缺点。

4.搜集常见的工序顺序,描述其特点。

任务学习其他说明或建议:

指导老师评语:

任务完成人签字:

　　　　　　　　　　　　　　　　　　　日期:　　年　　月　　日

指导老师签字:

　　　　　　　　　　　　　　　　　　　日期:　　年　　月　　日

任务 4.6　工序内容的设计

任务要求

1. 理解工件加工余量的概念。
2. 掌握工序尺寸与公差的确定方法。
3. 熟悉机床设备及工艺装备的选择方法。

任务实施

4.6.1　设备及工艺装备的选择

(1) 设备的选择

确定了工序集中或工序分散的原则后,基本上也就确定了设备的类型。如采用工序集中,则宜选用高效自动加工设备;若采用工序分散,则加工设备可较简单。此外,选择设备时还应考虑:

①机床精度与工件精度相适应;

②机床规格与工件的外形尺寸相适应;

③选择的机床应与现有加工条件相适应,如设备负荷的平衡状况等;

④如果没有现成设备供选用,经过方案的技术经济分析后,也可提出专用设备的设计任务书或改装旧设备。

(2) 工艺装备的选择

工艺装备选择的合理与否,将直接影响工件的加工精度、生产效率和经济效益,应根据生产类型、具体加工条件、工件结构特点和技术要求等选择工艺装备。

1) 夹具的选择

单件、小批生产应首先采用各种通用夹具和机床附件,如卡盘、机床用平口虎钳、分度头等;对于大批和大量生产,为提高生产率应采用专用高效夹具;多品种中、小批量生产可采用可调夹具或成组夹具。

2) 刀具的选择

一般优先采用标准刀具。若采用机械集中,则可采用各种高效的专用刀具、复合刀具和多刃刀具等。刀具的类型、规格和精度等级应符合加工要求。

3) 量具的选择

单件、小批生产应广泛采用通用量具,如游标卡尺、百分尺和千分表等;大批、大量生产应采用极限量块和高效的专用检验夹具、量仪等。量具的精度必须与加工精度相适应。

4.6.2　加工余量的确定

(1) 加工余量的基本概念

加工余量是指在加工中被切去的金属层厚度。加工余量有工序余量、总余量之分。

1）工序余量

相邻两工序的工序尺寸之差即工序余量,如图4.8所示。

计算工序余量 Z 时,平面类非对称表面,应取单加余量。

对于外表面:

$$Z = a - b \tag{4.2}$$

对于内表面:

$$Z = b - a \tag{4.3}$$

式中　　Z——本工序的工序余量;

　　　　a——前道工序的工序尺寸;

　　　　b——本工序的工序尺寸。

旋转表面的工序余量则是对称的双边余量。

对于被包容面:

$$Z = d_a - d_b \tag{4.4}$$

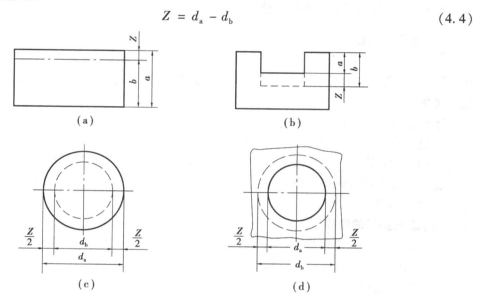

图4.8　加工余量

对于包容面:

$$Z = d_b - d_a \tag{4.5}$$

式中　　Z——直径上的加工余量;

　　　　d_a——前道工序的加工直径;

　　　　d_b——本工序的加工直径。

由于工序尺寸有公差,故实际切除的余量大小不等。因此,工序余量也是一个变动量。

当工序尺寸用用尺寸计算时,所得的加工余量称为基本余量或者公称余量。保证该工序加工表面的精度和质量所需切除的最小金属层厚度称为最小余量 Z_{min}。该工序余量的最大值则称为最大余量 Z_{max}。

图4.9表示了工序余量与工序尺寸的关系。

工序余量和工序尺寸及公差的关系式如下:

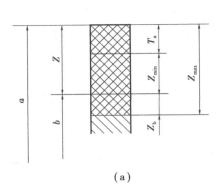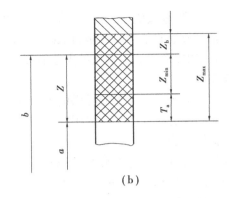

（a）　　　　　　　　　　　　　　（b）

图4.9　工序余量与工序尺寸及其公差的关系

$$Z = Z_{\min} + T_a \tag{4.6}$$

$$Z_{\max} = Z + T_b = Z_{\min} + T_a + T_b \tag{4.7}$$

由此可知，余量公差等于前道工序与本工序的尺寸公差之和。

$$T_z = Z_{\max} - Z_{\min} = (Z_{\min} + T_a + T_b) - Z_{\min} = T_a + T_b \tag{4.8}$$

式中　T_a——前道工序尺寸的公差；

　　　T_b——本工序尺寸的公差；

　　　T_z——本工序的余量公差。

为了便于加工，工序尺寸公差都按"入体原则"标注，即被包容面的工序尺寸公差取上偏差为零；包容面的工序尺寸公差取下偏差为零；而毛坯尺寸公差按双向布置上、下偏差。

2）总余量

工件由毛坯到成品的整个加工过程中某一表面被切除金属层的总厚度，即总余量。

$$Z_总 = Z_1 + Z_2 + \cdots + Z_n \tag{4.9}$$

式中　$Z_总$——加工总余量；

　　　$Z_1, Z_2, \cdots, Z_n$——各道工序余量。

（2）影响加工余量的因素

影响加工余量的因素是多方面的，主要有：

①前道工序的表面粗糙度 R_a 和表面层缺陷层厚度 D_a；

②前道工序的尺寸公差 T_a；

③前道工序的形位误差 ρ_a，如工件表面的弯曲、工件的空间位置误差等；

④本工序的安装误差 ε_b。

因此，本工序的加工余量必须满足：

对称余量：

$$Z \geqslant 2(R_a + D_a) + T_a + 2\,|\,\rho_a + \varepsilon_b| \tag{4.10}$$

单边余量：

$$Z \geqslant R_a + D_a + T_a + |\,\rho_a + \varepsilon_b| \tag{4.11}$$

（3）加工余量的确定

加工余量的大小对工件的加工质量、生产率和生产成本均有较大影响。加工余量过大，不仅增加机械加工的劳动量、降低生产率，而且会增加材料、刀具和电力的消耗，提高加工成本；加工余量过小，则既不能消除前道工序的各种表面缺陷和误差，又不能补偿本工序加工时工件的安装误差,造成废品。因此,应合理地确定加工余量。

确定加工余量的基本原则是:在保证加工质量的前提下,加工余量越小越好。

实际工作中,确定加工余量的方法有以下三种:

1)查表法

这种方法是根据有关手册提供的加工余量数据,再结合本厂生产实际情况加以修正后确定加工余量。这是各工厂广泛采用的方法。

2)经验估计法

这种方法是根据工艺人员本身积累的经验确定加工余量。一般为了防止余量过小而产生废品,所估计的余量总是偏大,常用于单件、小批量生产。

3)分析计算法

这种方法是根据理论公式和一定的试验资料,对影响加工余量的各因素进行分析、计算来确定加工余量。这种方法较合理,但需要全面可靠的试验资料,计算也较复杂。一般只在材料十分贵重或少数大批、大量生产的工厂中采用。

4.6.3 工序尺寸及其公差的确定

工件上的设计尺寸一般都要经过几道工序的加工才能得到,每道工序所应保证的尺寸称为工序尺寸。编制工艺规程的一个重要工作就是要确定每道工序的工序尺寸及公差。在确定工序尺寸及公差时,存在工序基准与设计基准重合和不重合两种情况。

(1)基准重合时工序尺寸及其公差的计算

当工序基准、定位基准或测量基准与设计基准重合,表面多次加工时,工序尺寸及其公差的计算相对来说比较简单。其计算顺序是:先确定各工序的加工方法,然后确定该加工方法所要求的加工余量及其所能达到的精度,再由最后一道工序逐个向前推算,即由零件图上的设计尺寸开始,一直推算到毛坯图上的尺寸。工序尺寸的公差都按各工序的经济精度确定,并按"入体原则"确定上、下偏差。

例4.1 某主轴箱体主轴孔的设计要求为 $\phi100H7$, $R_a = 0.8\ \mu m$。其加工工艺路线为:毛坯孔—粗镗—半精镗—精镗—浮动镗。试确定各工序尺寸及其公差。

解 从机械工艺手册查得各工序的加工余量和所能达到的精度,具体数值见表4.13中的第二、三列,计算结果见表4.13中的第四、五列。

表4.13 主轴孔工序尺寸及公差的计算

工序名称	工序余量	工序的经济精度	工序基本尺寸	工序尺寸及公差
浮动镗	0.1	$H7\left(^{+0.035}_{0}\right)$	100	$\phi100^{+0.035}_{0}$, $R_a = 0.8\ \mu m$
精镗	0.5	$H9\left(^{+0.087}_{0}\right)$	$100 - 0.1 = 99.9$	$\phi99.9^{+0.087}_{0}$, $R_a = 1.6\ \mu m$
半精镗	2.4	$H11\left(^{+0.22}_{0}\right)$	$99.9 - 0.5 = 99.4$	$\phi99.4^{+0.22}_{0}$, $R_a = 6.3\ \mu m$
粗镗	5	$H13\left(^{+0.54}_{0}\right)$	$99.4 - 2.4 = 97$	$\phi97^{0.54}_{0}$, $R_a = 12.5\ \mu m$
毛坯孔	8	(±1.2)	$97 - 5 = 92$	$\phi92 \pm 1.2$

(2)基准不重合时工序尺寸及其公差的计算

加工过程中,工件的尺寸是不断变化的,由毛坯尺寸到工序尺寸,最后达到满足零件性能要求的设计尺寸。一方面,由于加工的需要,在工序图以及工艺卡上要标注一些专供加工用的工艺尺寸。工艺尺寸往往不是直接采用零件图上的尺寸,而是需要另行计算。另一方面,当零件加工时,有时需要多次转换基准,因而使得工序基准、定位基准或测量基准与设计基准不重合。这时,需要利用工艺尺寸链原理来进行工序尺寸及其公差的计算。

1)工艺尺寸链的基本概念

①工艺尺寸链的定义。加工如图 4.10 所示零件,零件图上标注的设计尺寸为 A_1 和 A_0。当用零件的面 1 来定加工面 2,得尺寸 A_1,仍以面 1 定位加工面 3,保证尺寸 A_2,于是 A_1、A_2 和 A_0 就形成了一个封闭的图形。这种由相互联系的尺寸按一定顺序首尾相接排列成的尺寸封闭图形就称为尺寸链。由单个零件在工艺过程中的有关工艺尺寸所组成的尺寸链,称为工艺尺寸链。

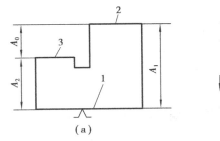

图 4.10　加工过程中的尺寸链

②工艺尺寸链的组成。我们把组成工艺尺寸链的各个尺寸称为尺寸链的环。这些环可分为封闭环和组成环。

a.封闭环:尺寸链中最终间接获得或间接保证精度的那个环。每个尺寸链中必有一个且只有一个封闭环。

b.组成环:除封闭环以外的其他环都称为组成环。组成环又分为增环和减环。

增环(A_i):若其他组成环不变,某组成环的变动引起封闭环随之同向变动,则该环为增环。

减环(A_j):若其他组成环不变,某组成环的变动引起封闭环随之异向变动,则该环为减环。

工艺尺寸链一般都用工艺尺寸链图表示。建立工艺尺寸链时,应首先对工艺过程和工艺尺寸进行分析,确定间接保证精度的尺寸,并将其定为封闭环,然后再从封闭环出发,按照零件表面尺寸间的联系,用首尾相接的单向箭头顺序表示各组成环,这种尺寸图就是尺寸链图。根据上述定义,利用尺寸链图即可迅速判断组成环的性质,凡与封闭环箭头方向相同的环即为减环,而凡与封闭环箭头方向相反的环即为增环。

③工艺尺寸链的特性。通过上述分析可知,工艺尺寸链的主要特性是封闭性和关联性。

所谓封闭性,是指尺寸链中各尺寸的排列呈封闭形式。没有封闭的不能成为尺寸链。

所谓关联性,是指尺寸链中任何一个直接获得的尺寸及其变化,都将影响间接获得或间接保证的那个尺寸及其精度的变化。

2)工艺尺寸链计算的基本公式

工艺尺寸链的计算方法有两种,即极值法和概率法,这里仅介绍生产中常用的极值法。

①封闭环的基本尺寸。封闭环的基本尺寸等于组成环环尺寸的代数和,即

$$A_{\sum} = \sum_{i=1}^{m} \overrightarrow{A_i} - \sum_{j=m+1}^{n-1} \overleftarrow{A_j} \qquad (4.12)$$

式中　$A_{\sum}$——封闭环的尺寸;

$\overrightarrow{A_i}$——增环的基本尺寸;

$\overleftarrow{A_j}$——减环的基本尺寸;

m——增环的环数;

n——包括封闭环在内的尺寸链的总环数。

②封闭环的极限尺寸。封闭环的最大极限尺寸等于所有增环的最大极限尺寸之和减去所有减环的最小极限尺寸之和;封闭环的最小极限尺寸等于所有增环的最小极限尺寸之和减去所有减环的最大极限尺寸之和。故极值法也称为极大极小法,即

$$A_{\sum \max} = \sum_{i=1}^{m} \overrightarrow{A_{i\max}} - \sum_{j=m+1}^{n-1} \overleftarrow{A_{j\min}} \qquad (4.13)$$

$$A_{\sum \min} = \sum_{i=1}^{m} \overrightarrow{A_{i\min}} - \sum_{j=m+1}^{n-1} \overleftarrow{A_{j\max}} \qquad (4.14)$$

③封闭环的上偏 $B_s(A_{\sum})$ 差与下偏差 $B_x(A_{\sum})$。

封闭环的上偏差等于所有增环的上偏差之和减去所有减环的下偏差之和,即

$$B_s(A_{\sum}) = \sum_{i=1}^{m} B_s(\overrightarrow{A_i}) - \sum_{j=m+1}^{n-i} B_x(\overleftarrow{A_j}) \qquad (4.15)$$

封闭环的下偏差等于所有增环的下偏差之和减去所有减环的上偏差之和,即

$$B_x(A_{\sum}) = \sum_{i=1}^{m} B_x(\overrightarrow{A_i}) - \sum_{j=m+1}^{n-1} B_s(\overleftarrow{A_j}) \qquad (4.16)$$

④封闭环的公差 $T(A_{\sum})$。封闭环的公差等于所有组成环公差之和,即

$$T(A_{\sum}) = \sum_{i=1}^{n-i} T(A_i) \qquad (4.17)$$

3)工艺尺寸链解题步骤

①确定封闭环。封闭环是在加工过程中最后间接形成的尺寸,即在尺寸链中直接获得若干尺寸后而自然形成的尺寸。

②查明全部组成环,画出尺寸链图。

③判明增、减环,用箭头标出。

④利用计算公式求解。

(3)基准不重合时工序尺寸及公差的计算

1)定位基准与设计基准不重合时的工序尺寸及公差的确定

工件加工中,如果定位基准与设计基准不重合,需要对加工表面的设计尺寸进行换算,以求得工序尺寸及公差,使换算后的工序尺寸及其公差也能保证工件的加工要求。

例4.2　如图4.11(a)所示为轴承座简图,其设计尺寸如图所示。M、N 两平面已加工完毕,为方便装夹,现以 N 面定位加工孔(即以 N 面为基准调整镗杆主轴的位置,主轴上装有刀具,即调刀),求工序尺寸。

解　①画尺寸链图并判断封闭环。根据题意,M、N 已加工,尺寸 A_1 已直接获得。本工序按尺寸 A_2 调整刀具,这就直接保证尺寸 A_2;设计尺寸 A_0 是在尺寸 A_1、A_2 确定后间接得到的,

因此 A_0 是封闭环。从封闭环任一端出发,按顺序将 A_0、A_1、A_2 连接成尺寸链,如图 4.11(b) 所示。

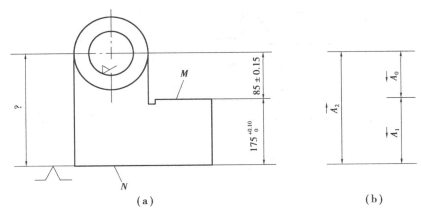

图 4.11 镗轴承座简图

②判定增减环。如图 4.11(b)所示,A_2 为增环,A_1 为减环。

③计算工序尺寸及偏差。

A_2 的基本尺寸: $A_0 = A_2 - A_1$

$$85 = A_2 - 175$$

所以 $\qquad\qquad A_2 = 260 \text{ mm}$

A_2 的上偏差:

$$ES_0 = ES_2 - EI_1 + 0.15 = ES_2 - 0$$

所以 $\qquad\qquad ES_2 = +0.15 \text{ mm}$

A_2 的下偏差:

$$EI_0 = EI_2 - ES_1 - 0.15 = EI_2 - 0.10$$

所以 $\qquad\qquad EI_2 = -0.05 \text{ mm}$

所求工序尺寸及其公差为: $A_2 = 260^{+0.15}_{-0.05} \text{ mm}$。

例 4.3 如图 4.12(a)所示工件的设计尺寸。其内、外圆、端面和台阶面均已加工完毕,成批生产中用 N 面定位铣削 M 面,求其工序尺寸及公差。

解 ①画尺寸链图并判断封闭环。根据题意,工件的内、外圆、端面以及台阶面均已加工,即尺寸 A_1、A_2 已直接获得。本工序按尺寸 A_3 调整刀具,这样直接保证了尺寸 A_3。设计尺寸 A_0 是在尺寸 A_1、A_2、A_3 确定后间接得到的,因此 A_0 是封闭环。从封闭环任一端出发,按顺序 A_1、A_2、A_3 连接成尺寸链,如图 4.12(b)所示。

②判定增减环。如图 4.12(b)所示,A_1、A_3 为增环,A_2 为减环。

③计算工序尺寸及其偏差。

A_3 的基本尺寸: $A_0 = A_1 + A_3 - A_2$

$$A_3 = A_0 - A_1 + A_2 = 10 - 30 + 60 = 40 \text{ mm}$$

A_3 的上偏差: $ES_0 = ES_1 + ES_3 - EI_2$

$$ES_3 = ES_0 - ES_1 + EI_2 = (+0.20) - (+0.05) + (-0.05) = +0.10 \text{ mm}$$

A_3 的下偏差: $EI_0 = EI_1 + EI_3 - ES_2$

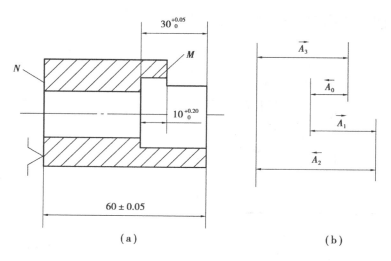

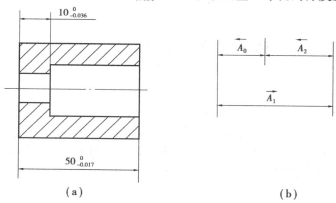

图 4.12 所示工件铣削 M 面

$$EI_3 = EI_0 + ES_2 - EI_1 = 0 + 0.05 - 0 = +0.05 \text{ mm}$$

所求工序尺寸及上、下偏差为 $A_3 = 40^{+0.10}_{+0.05} \text{mm}$。

2)测量基准与设计基准不重合时的工序尺寸及公差的确定

在工件加工过程中,有时会遇到这样的情况:一些表面加工之后,按设计尺寸不方便测量,因此需要在工件上另选一个容易测量的表面作为测量基准,以间接保证设计尺寸的要求。这时就需要进行工艺尺寸的换算。

例 4.4 如图 4.13(a) 所示零件的 $10^{0}_{-0.036}$ mm 尺寸不便测量,可以采用游标深度尺测量大孔深度,由孔深尺寸间接保证尺寸 $10^{0}_{-0.036}$ mm。求该测量尺寸孔的深度及其公差。

图 4.13 所示零件

解 ①画尺寸链图并判断封闭环。由于尺寸 $10^{0}_{-0.036}$ mm 是间接保证的,是封闭环,画尺寸链图,如图 4.13(b) 所示。

②判断增减环。如图 4.13(b) 所示,A_1 为增环,A_2 为减环。

③计算工序尺寸及偏差。

A_2 的基本尺寸:$A_0 = A_1 - A_2$

$$A_2 = A_1 - A_0 = 50 - 10 = 40 \text{ mm}$$

A_2 的上、下偏差:$ES_0 = ES_1 - EI_2$

$$EI_2 = ES_1 - ES_0 = 0 - 0 = 0$$

$$EI_0 = EI_1 - ES_2$$

$$ES_2 = EI_1 - EI_0 = (-0.017) - (-0.036) = +0.019 \text{ mm}$$

所求测量尺寸孔为 $A_2 = 40^{+0.019}_{0}$ mm 。

学习工作单

工 作 单	加工余量和工序尺寸及其公差的确定		
任　　务	理解加工余量的概念;掌握工序尺寸与公差的确定方法;熟悉机床设备及工艺装备的选择方法		
班　　级		姓　　名	
学习小组		工作时间	8 学时
[知识认知]			

1. 理解加工余量的概念。

2. 分组讨论工序尺寸和公差的确定方法有哪些。

3. 掌握工序尺寸与公差的确定方法。

4. 简述工艺装备对工艺余量的影响。

5. 掌握工艺尺寸链的计算。

任务学习其他说明或建议:

指导老师评语:

任务完成人签字:

日期:　　年　　月　　日

指导老师签字:

日期:　　年　　月　　日

任务4.7　机械加工生产率和技术经济分析

任务要求

1. 理解反映机械加工生产效率的参数。
2. 掌握提高机械加工生产率的工艺措施。
3. 了解工艺过程的技术经济分析方法。

任务实施

制订工艺规程的根本任务是在保证产品质量的前提下,提高劳动生产率和降低成本,即做到高产、优质、低消耗。要达到这一目的,制订工艺规程时,还必须对工艺过程认真开展技术经济分析,有效地采取提高机械加工生产率的工艺措施。

4.7.1　时间定额

机械加工生产率是指工人在单位时间内生产的合格产品的数量,或者指制造单件产品所消耗的劳动时间。它是劳动生产率的指标。机械加工生产率通常通过时间定额来衡量。

时间定额是指在一定的生产条件下,规定每个工人完成单件合格产品或某项工作所必需的时间。

时间定额是安排生产计划、核算生产成本的重要依据,也是设计、扩建工厂或车间时计算设备和工人数量的依据。

完成零件一道工序的时间定额称为单件时间。它由下列部分组成:

1)基本时间 T_b

它是指直接改变生产对象的尺寸、形状、相对位置与表面质量或材料性质等工艺过程所消耗的时间。对机械加工而言,就是切除金属所耗费的时间(包括刀具切入、切出的时间)。时间定额中的基本时间可以根据切削用量和行程长度来计算。

2)辅助时间 T_a

它是指为实现工艺过程所必须进行的各种辅助动作消耗的时间。它包括装卸工件,开、停机床,改变切削用量,试切和测量工件,进刀和退刀具等所需的时间。

基本时间与辅助时间之和称为操作时间 T_B。它是直接用于制造产品或零、部件所消耗的时间。

3)布置工作场地时间 T_{sw}

它是指为使加工正常进行,工人管理工作场地和调整机床等(如更换、调整刀具,润滑机床,清理切屑,收拾工具等)所需时间。一般按操作时间的2% ~7%(以百分率 α 表示)计算。

4)生理和自然需要时间 T_r

它是指工人在工作班内为恢复体力和满足生理需要等消耗的时间。一般按操作时间的2% ~4%(以百分率 β 表示)计算。

以上四部分时间的总和称为单件时间 T_p,即

$$T_p = T_b + T_a + T_{sw} + T_r = T_B + T_{sw} + T_r = (1 + \alpha + \beta)T_B \tag{4.18}$$

5)准备与终结时间(T_e)

它简称为准终时间,指工人在加工一批产品、零件进行准备和结束工作所消耗的时间。工人加工开始前,通常都要熟悉工艺文件,领取毛坯、材料、工艺装备,调整机床,安装工刀具和夹具,选定切削用量等;加工结束后,需送交产品,拆下、归还工艺装备等。准终时间对一批工件来说只消耗一次,零件批量越大,分摊到每个工件上的准终时间 T_e/n 就越小,其中 n 为批量。因此,单件或成批生产的单件计算时间 T_c 应为

$$T_c = T_p + T_e/n = T_b + T_a + T_{sw} + T_r + T_e/n \tag{4.19}$$

大批量生产中,由于 n 的数值很大,$T_e/n \approx 0$,即可忽略不计,所以大批、大量生产的单件计算时间 T_c 应为

$$T_c = T_p = T_b + T_a + T_{sw} + T_r \tag{4.20}$$

4.7.2　提高机械加工生产率的工艺措施

劳动生产率是一个综合技术经济指标,它与产品设计、生产组织、生产管理和工艺设计都有密切关系。这里讨论提高机械加工生产率的问题,主要从工艺技术的角度,研究如何通过减少时间定额,寻求提高生产率的工艺途径。

(1)缩短基本时间

1)提高切削用量

增大切削速度、进给量和背吃刀量都可以缩短基本时间,这是机械加工中广泛采用的提高生产率的有效方法。近年来,国外出现了聚晶金刚石和聚晶立方氮化硼等新型刀具材料,切削普通钢材的速度可达 900 m/min;加工 HRC60 以上的淬火钢、高镍合金钢,在 980 ℃时仍能保持其红硬性,切削速度可在 900 m/min 以上。高速滚齿机的切削速度可达 65～75 m/min,目前最高滚切速度已超过 300 m/min。磨削方面,近年来的发展趋势是在不影响加工精度的条件下,尽量采用强力磨削,提高金属切除率,磨削速度已超过 60 m/s 以上;而高速磨削速度已达到 180 m/s 以上。

2)减少或重合切削行程长度

利用几把刀具或复合刀具对工件的同一表面或几个表面同时进行加工,或者利用宽刃刀具、成形刀具作横向进给同时加工多个表面,实现复合工步,都能减少每把刀的切削行程长度或使切削行程长度部分或全部重合,减少基本时间。

3)采用多件加工

多件加工可分顺序多件加工、平行多件加工和平行顺序多件加工三种形式。

①顺序多件加工是指工件按进给方向一个接一个地顺序装夹,减少了刀具的切入、切出时间,即减少了基本时间。这种形式的加工常见于滚齿、插齿、龙门刨、平面磨和铣削加工中。

②平行多件加工是指工件平行排列,一次进给可同时加工 n 个工件,加工所需基本时间和加工一个工件相同,所以分摊到每个工件的基本时间就减少到原来的 $1/n$。其中,n 为同时加工的工件数。这种方式常见于铣削和平面磨削中。

③平行顺序多件加工是上述两种形式的综合,常用于工件较小、批量较大的情况,如立轴平面磨削和立轴铣削加工中。

（2）缩短辅助时间

缩短辅助时间的方法通常是使辅助操作实现机械化和自动化，或使辅助时间与基本时间重合。具体措施有：

1）采用先进高效的机床夹具

这不仅可以保证加工质量，而且大大减少了装卸和找正工件的时间。

2）采用多工位连续加工

即在批量和大量生产中采用回转工作台和转位夹具，在不影响切削加工的情况下装卸工件，使辅助时间与基本时间重合。该方法在铣削平面和磨削平面中得到广泛的应用，可显著提高生产率。

3）采用主动测量或数字显示自动测量装置

零件在加工中需多次停机测量，尤其是精密零件或重型零件更是如此，这样不仅降低了生产率，不易保证加工精度，还增加了工人的劳动强度。主动测量的自动测量装置能在加工中测量工件的实际尺寸，并能用测量的结果控制机床进行自动补偿调整。该方法在内、外圆磨床上采用，已取得了显著的效果。

4）采用两个相同夹具交替工作的方法

当一个夹具安装好工件进行加工时，另一个夹具同时进行工件装卸，这样也可以使辅助时间与基本时间重合。该方法常用于批量生产中。

（3）缩短布置工作场地时间

布置工作场地时间，主要消耗在更换刀具和调整刀具的工作上。因此，缩短布置工作场地时间主要是减少换刀次数、换刀时间和调整刀具的时间。减少换刀次数就是要提高刀具或砂轮的耐用度，而减少换刀和调刀时间是通过改进刀具的装夹和调整方法，采用对刀辅具来实现的。例如，采用各种机外对刀的快换刀夹具、专用对刀样板或样件以及自动换刀装置等。目前，在车削和铣削中已广泛采用机械夹固的可转位硬质合金刀片，既能减少换刀次数，又减少了刀具的装卸、对刀和刃磨时间，从而大大提高了生产效率。

（4）缩短与准备终结时间

缩短准备与终结时间的主要方法是扩大零件的批量和减少调整机床、刀具和夹具的时间。

4.7.3 工艺过程的技术经济分析

制订机械加工工艺规程时，通常应提出几种方案。这些方案应都能满足零件的设计要求，但成本则会有所不同。为了选取最佳方案，需要进行技术经济分析。

（1）生产成本和工艺成本

制造一个零件或一件产品所必需的一切费用的总和，称为该零件或产品的生产成本。生产成本实际上包括与工艺过程有关的费用和与工艺过程无关的费用两类。因此，对不同的工艺方案进行经济分析和评价时，只需分析、评价与工艺过程直接相关的生产费用，即所谓的工艺成本。

在进行经济分析时，应首先统计出每一方案的工艺成本，再对各方案的工艺成本进行比较，以其中成本最低、见效最快的为最佳方案。

工艺成本由两部分构成，即可变成本 V 和不变成本 S。

可变成本 V 是指与生产纲领 N 直接有关，并随生产纲领成正比例变化的费用。它包括工件材料（或毛坯）费用、操作工人工资、机床电费，以及通用机床的折旧费和维修费、通用工艺装备的折旧费和维修费等。

不变成本 S 是指与生产纲领 N 无直接关系，不随生产纲领的变化而变化的费用。它包括调整工人的工资，专用机床的折旧费和维修费，专用工艺装备的折旧费和维修费等。

零件加工的全年工艺成本 E 为

$$E = V \cdot N + S \tag{4.21}$$

此式为直线方程，可以看出，E 与 N 是线性关系，即全年工艺成本与生产纲领成正比。直线的斜率为工件的可变费用。直线的起点为工件的不变费用。当生产纲领产生 ΔN 的变化时，则年工艺成本的变化为 ΔE。

单件工艺成本 E_d 可由式 4.21 变换得到，即

$$E_d = V + \frac{S}{N} \tag{4.22}$$

单件工艺成本 E_d 可由式 4.22 变换得到，即由图 4.14 可知，E_d 与 N 呈双曲线关系，当 N 增大时，E_d 逐渐减小，极限值接近可变费用。

（2）不同工艺方案的经济性比较

在进行不同工艺方案的经济分析时，常对零件或产品的全年工艺成本进行比较，这是因为全年工艺成本与生产纲领呈线性关系，容易比较。设两种不同方案分别为 Ⅰ 和 Ⅱ，它们的全年工艺成本分别为：

$$E_1 = V_1 N + S_1$$
$$E_2 = V_2 N + S_2$$

两种方案比较时，往往一种方案的可变费用较大时，另一种方案的不变费用就会较大。如果某方案的可变费用和不变费用均较大，那么该方案在经济上是不可取的。

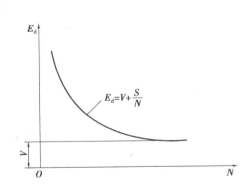
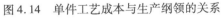

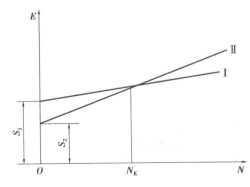

图 4.14　单件工艺成本与生产纲领的关系　　　图 4.15　两种方案全年工艺成本的比较

现在同一坐标图上分别画出方案 Ⅰ 和 Ⅱ 全年的工艺成本与年产量的关系，如图 4.15 所示。由图可知，两条直线相交于 $N = N_K$ 处，N_K 称为临界产量。在此年产量时，两种工艺路线的全年工艺成本相等。由 $V_1 N_K + S_1 = V_2 N_K + S_2$ 可得：

$$N_K = (S_1 - S_2)/(V_2 - V_1)$$

当 $N < N_K$ 时，宜采用方案 Ⅱ，即年产量小时，宜采用不变费用较少的方案；当 $N > N_K$ 时，宜采用方案 Ⅰ，即年产量大时，宜采用可变费用较少的方案。

如果需要比较的工艺方案中基本投资差额较大,还应考虑不同方案的基本投资差额的回收期。投资回收期必须满足以下要求:

①小于采用设备和工艺装备的使用年限;

②小于该产品由于结构性能或市场需求等因素所决定的生产年限;

③小于国家规定的标准回收期,即新设备的回收期应小于 4~6 年,新夹具的回收期应小于 2~3 年。

学习工作单

工　作　单	械加工生产效率与工艺过程的技术经济分析		
任　　　务	理解反应机械加工生产效率的参数;掌握提高机械加工生产率的工艺措施;了解工艺过程的技术经济分析方法		
班　　　级		姓　　名	
学习小组		工作时间	1 学时
[知识认知]			

1. 理解反映机械加工生产效率的参数。

2. 掌握提高机械加工生产率的工艺措施。

3. 了解工艺过程的技术经济分析方法。

任务学习其他说明或建议:

指导老师评语:

任务完成人签字:

　　　　　　　　　　　　　　　　　　日期:　　年　　月　　日

指导老师签字:

　　　　　　　　　　　　　　　　　　日期:　　年　　月　　日

实践与训练

(一)概念

1. 工步。

2. 工艺系统。

3. 精基准。

4. 定位误差。

(二)下图中经工序 5、10 应达到零件图纸所要求的轴向尺寸,试求工序尺寸 L_1、L_2 及偏差。

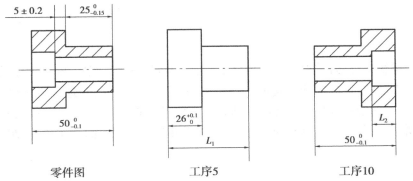

零件图　　　　　　　　　工序5　　　　　　　　工序10

(三)习题

1. 什么是工序集中与工序分散?

2. 制订工艺规程的原则是什么?

3. 加工余量的概念。

4. 毛坯种类有哪些? 如何进行选择?

项目 **5**

典型表面与零件的加工

项目概述

机械零件尽管多种多样,但均由一些诸如外圆、内圆、锥面、平面、螺纹、齿形等常见表面所组成。加工零件的过程,实际上是加工这些表面的过程。因此,合理选择这些常见表面的加工方案,是正确制定零件加工工艺的基础。每一种表面的加工方法,一般不是唯一的,常有许多种。本项目主要介绍零件加工时如何选择加工方法、加工步骤、加工顺序,最后加工出合格产品。

项目内容

零件典型表面(诸如外圆、内圆、锥面、平面、螺纹、齿形等)的加工,典型零件(轴类零件、箱体类和齿轮零件)的加工工艺。

项目目标

理解如外圆、内圆、锥面、平面、螺纹、齿形等典型表面的加工方法,理解典型零件(轴类零件、箱体类和齿轮零件)的加工工艺。

任务 5.1 典型表面的加工

任务要求

1. 掌握外圆和内圆加工方案。
2. 熟知锥面加工方案。
3. 掌握平面加工方案。
4. 熟知螺纹与齿形加工方案。
5. 掌握表面加工方案的选择。

任务实施

表面的技术要求愈高,加工过程就愈长,采用的加工方法就愈多。将这些加工方法按一定顺序组合起来,依次对表面进行由粗到精的加工,以逐步达到所规定的技术要求。我们将这种组合称为加工方案。下面介绍常见表面的加工方案。

5.1.1 外圆加工方案

外圆是组成轴类和盘套类零件的主要表面。外圆表面的主要技术要求有:

①尺寸精度。外圆表面有直径、长度的尺寸公差。在大多数情况下,直径尺寸公差等级较高,而长度多为未注公差尺寸(常用 IT14)。

②形状精度。对要求高的外圆表面,常标注圆度、圆柱度等形状公差。

③位置精度。位置精度主要有与相关外圆和孔的同轴度公差(或对轴线的径向圆跳动公差)与端面的垂直度公差(或对轴线的端面圆跳动公差)等。

④表面质量。它主要是表面粗糙度 R_a 值(单位均为 μm)的要求,对某些需要调质或淬火等处理的零件,还有表面硬度等要求。加工外圆的切削加工方法有车削、普通磨削、精密磨削、砂带磨削、超精加工、研磨和抛光等,特种加工方法有旋转电火花和超声波套料等。外圆表面常用加工方案如图 5.1 所示。尽管图中列有多种加工方案,似乎很复杂,但仔细分析后按其主干大致可归纳为车削类、车磨类和特种加工类三类加工方案。

5.1.2 内圆加工方案

内圆(即孔)是组成机械零件的基本表面。尤其是盘套类和支架箱体类零件,孔是重要的表面之一。孔的技术要求与外圆基本相同,也有尺寸精度、形状精度、位置精度和表面质量等要求。其中,位置精度主要是孔与相关孔和外圆的同轴度公差(或径向圆跳动公差),孔与端面的垂直度公差或端面圆跳动公差)等。内圆与外圆相比,有两个显著特点:

一是孔的类型多。从用途看,有轴和盘套类零件轴线位置的配合孔,支架箱体类零件的轴承支承孔以及各类零件上的销钉孔,穿螺钉孔、润滑油孔和其他非配合孔等;从尺寸和结构形状看,有大孔、小孔、微孔、通孔、盲孔、台阶孔和细长孔等;从技术要求看,有高精度低粗糙度孔、中等精度孔和精度要求较低的孔。类型的多样化给孔的加工方法带来多样性。

二是孔的加工难度大。这是因为加工孔的刀具受孔径限制,刚度差,切削时易产生变形和振动,不能采用大的切削用量;又因为孔加工时近似半封闭式切削,散热和排屑条件极差,刀具磨损快,孔壁易被切屑划伤。该特点致使孔加工的质量不易保证,生产率较低,加工成本较高。孔的加工方法很多,切削加工方法有钻孔、扩孔、铰孔、车孔、镗孔、拉孔、磨孔以及金刚镗、精密磨削、超精加工、珩磨、研磨和抛光等;特种加工孔的方法有电火花穿孔、超声波穿孔和激光打孔等。孔的加工方案也很多,最常用的如图 5.2 所示。图中所列的 13 种加工方案,按其主干可归纳成五类,即车(镗)类、车(镗)磨类、钻扩铰类、拉削类和特种加工类。选用时要特别注意其适用的批量、孔径尺寸以及零件的材质等因素。能进行孔加工的机床也很多,常用的有钻床、车床、镗床、钻床、磨床、拉床、铣床以及电火花成型机床、超声波加工机床、激光加工机床等。同一种孔的加工,有时可以在几种不同的机床上进行。例如,钻孔就可以在钻床、车床、铣床和铣镗床进行。

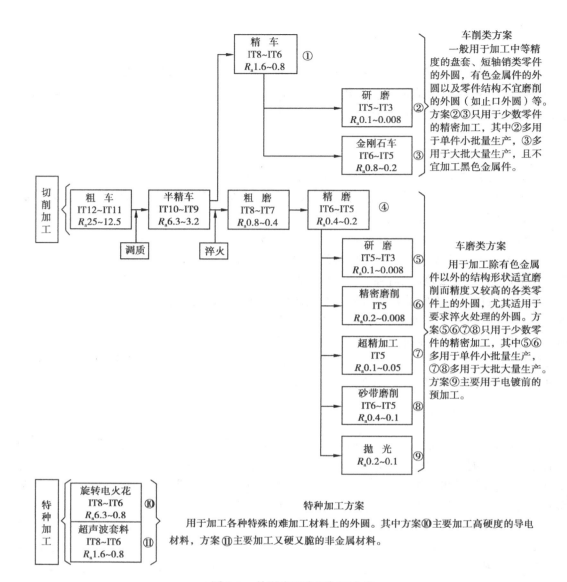

图 5.1 外圆表面常用加工方案

因此，在选择孔的加工方案时，要同时考虑机床的选用。孔加工机床选用如下：

①对于轴、盘、套轴线位置的孔，一般选用车床、磨床加工。在大批量生产中，盘、套轴线位置上的通直配合孔，多选用拉床加工.

②对于小型支架上的轴承支承孔，一般选用车床利用花盘—弯板装夹加工，或选用卧铣加工。

③对于箱体和大、中型支架的轴承支承孔，多选用铣镗床加工。

④对于各种零件上的销钉孔、穿螺钉孔和润滑油孔，一般在钻床上加工。

⑤对于各种难加工材料零件上的孔，应选用相应的特种加工机床加工。

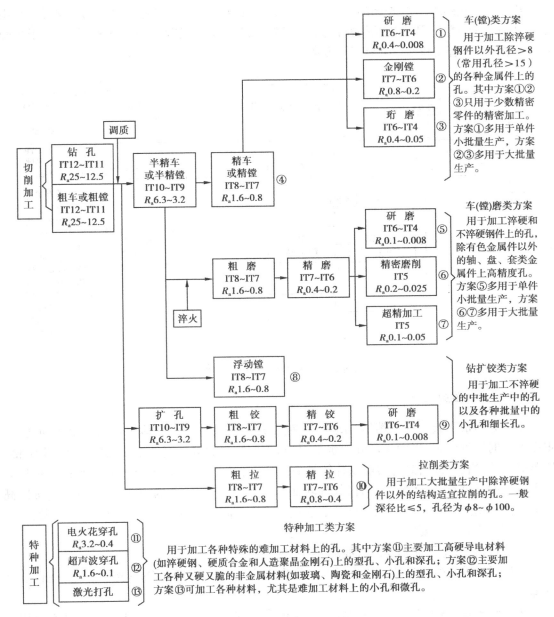

图 5.2　孔的常用加工方案

5.1.3　锥面加工方案

锥面的应用虽然不如外圆、内圆、平面那样广泛,但仍是一部分零件上不可缺少的一种表面。锥面一般有三方面的技术要求:

①直径尺寸。内锥面标注大端直径尺寸,外锥面标注小端直径。

②圆锥角及其公差。在实际生产中常用加工的锥面与锥度验规,或与相配锥面研配合的接触面积的百分数来表示。

③表面质量,指表面粗糙度和某些需要淬火处理的表面硬度要求。

由于内、外锥面是内、外圆的一种特殊形式,因此锥面的加工与内、外圆的加工类似,常用的方法有车削、磨削、研磨以及钻铰锥孔等。锥面常用的加工方案如图 5.3 所示,其主干可归纳为车削类、车磨类和钻铰类等三类方案。

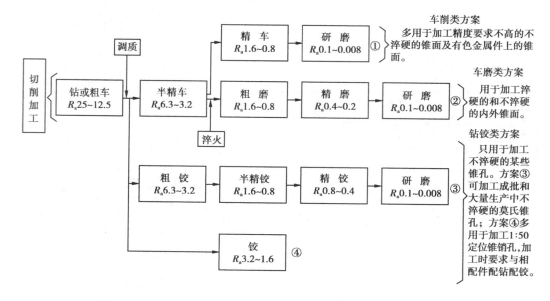

图 5.3　锥面常用的加工方案

5.1.4　平面加工方案

平面是组成平板、支架、箱体、床身、机座、工作台以及各种六面体零件的主要表面之一。根据加工时所处位置,平面又可分为水平面、垂直面和斜面等。零件上常见的直槽、T 形槽、V 形槽、燕尾槽、平键槽等沟槽可以看作是平面(有时也有曲面)的不同组合。平面在机械零件上常见的类型有:滑动配合平面(如导轨面)、固定连接平面(如箱体与机座的连接面)、高精度平面(如量块工作面)以及非配合非连接的普通平面(如车床方刀架的外露平面)等。

平面的主要技术要求有:

①形状精度,指平面本身的直线度、平面度公差。

②位置尺寸及位置精度,指平面与其他表面之间的位置尺寸公差及平行度、垂直度公差等。

③表面质量,指表面粗糙度及调质、淬火等热处理后表面硬度等要求。加工平面常用的切削加工方法有车削、铣削、刨削、刮削、宽刀细刨、普通磨削、导轨磨削、精密磨削、砂带磨削、超精加工、研磨和抛光等。特种加工方法有电解磨削平面和电火花线切割平面等。平面常用的加工方案如图 5.4 所示。应当指出,平面本身没有尺寸精度,图中的公差等级是指两平行平面之间距离尺寸的公差等级。平面加工方案按主干可归纳成六类,即铣(刨)类、铣(刨)磨类、车削类、拉削类、平板导轨类以及特种加工类。其中,最常用的是前两类方案。

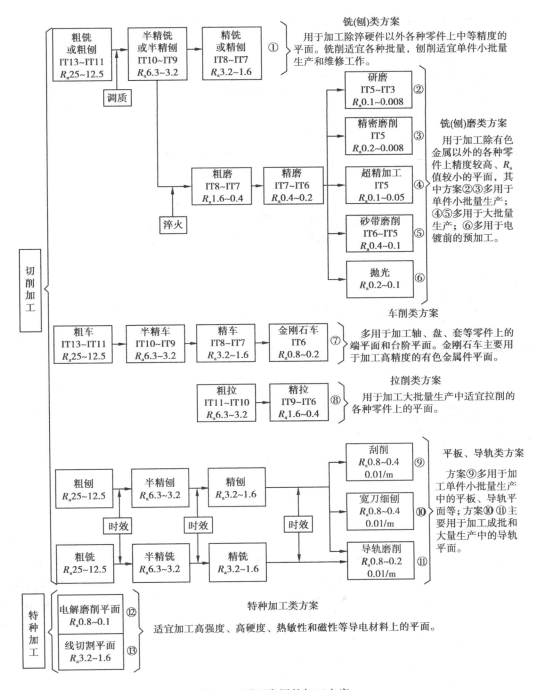

图 5.4　平面常用的加工方案

5.1.5　螺纹加工方案

螺纹实际上是一种成形表面,常用的切削加工方法有车螺纹、铣螺纹、磨螺纹、攻螺纹和套螺纹等;少、无切削加工方法有搓螺纹和滚螺纹等;特种加工方法有回转式电火花加工和共扼回转式电火花加工等。螺纹常用的加工方案如图 5.5 所示,可归纳为车(铣)类、车(铣)磨类、攻套类、滚压类以及特种加工类五类方案,其应用范围各不相同。

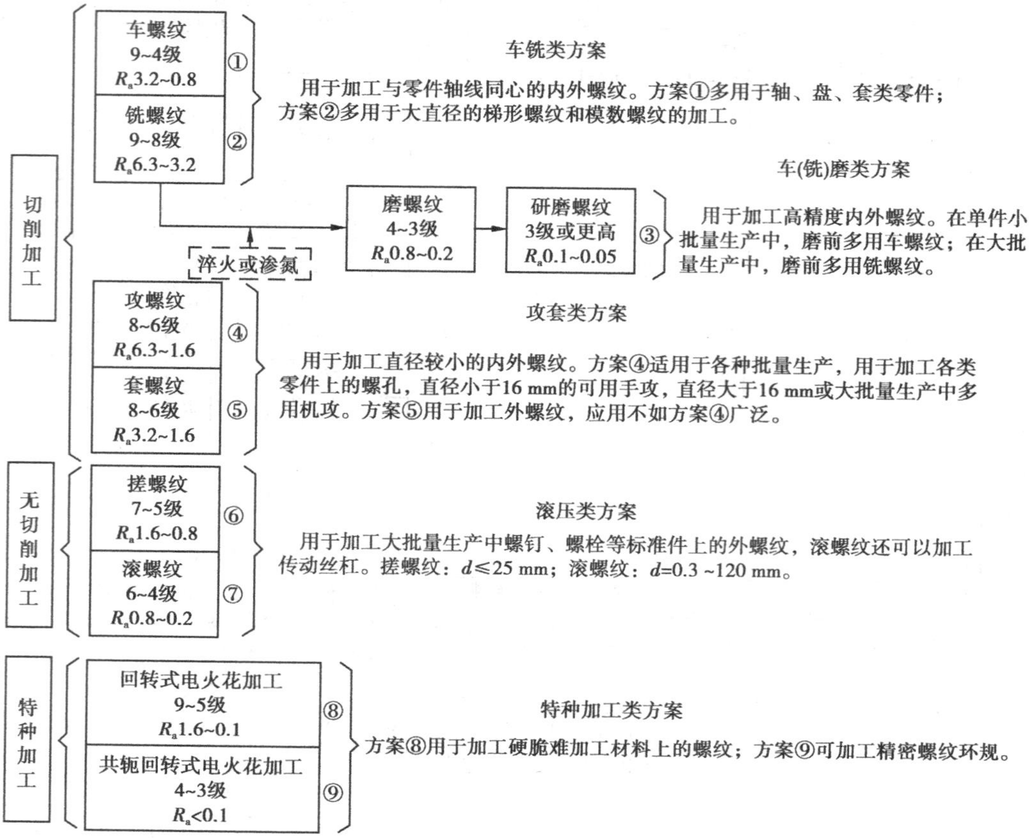
切削加工
车螺纹
9~4级
R_a3.2~0.8
①
铣螺纹
9~8级
R_a6.3~3.2
②
车铣类方案
用于加工与零件轴线同心的内外螺纹。方案①多用于轴、盘、套类零件;方案②多用于大直径的梯形螺纹和模数螺纹的加工。
淬火或渗氮
磨螺纹
4~3级
R_a0.8~0.2
研磨螺纹
3级或更高
R_a0.1~0.05
③
车(铣)磨类方案
用于加工高精度内外螺纹。在单件小批量生产中,磨前多用车螺纹;在大批量生产中,磨前多用铣螺纹。
攻螺纹
8~6级
R_a6.3~1.6
④
套螺纹
8~6级
R_a3.2~1.6
⑤
攻套类方案
用于加工直径较小的内外螺纹。方案④适用于各种批量生产,用于加工各类零件上的螺孔,直径小于16 mm的可用手攻,直径大于16 mm或大批量生产中多用机攻。方案⑤用于加工外螺纹,应用不如方案④广泛。
无切削加工
搓螺纹
7~5级
R_a1.6~0.8
⑥
滚螺纹
6~4级
R_a0.8~0.2
⑦
滚压类方案
用于加工大批量生产中螺钉、螺栓等标准件上的外螺纹,滚螺纹还可以加工传动丝杠。搓螺纹:d≤25 mm;滚螺纹:d=0.3 ~120 mm。
特种加工
回转式电火花加工
9~5级
R_a1.6~0.1
⑧
共轭回转式电火花加工
4~3级
R_a<0.1
⑨
特种加工类方案
方案⑧用于加工硬脆难加工材料上的螺纹;方案⑨可加工精密螺纹环规。

* 这里标注的螺纹精度等级是指普通螺纹的中径公差等级。

图5.5 螺纹常用的加工方案

5.1.6 齿形加工方案

齿轮的齿形实际上也是一种成形表面,常用的切削加工方法有铣齿、插齿、滚齿、剃齿、珩齿、磨齿和研齿等;少、无切削加工方法有精锻齿轮等;特种加工方法有电解加工和线切割齿轮等。齿形常用的加工方案如图5.6所示。加工方案可分为铣齿类、插(滚)类、插(滚)磨类、滚剃齿类、精锻类和特种加工类等,选用时要根据各自的特点和应用范围。应当指出,在运用上述各加工方案框图时,应注意如下几点:

①每一种框图中有若干条加工路线(即加工方案),每一条路线不一定从头走到尾,一般以表面的尺寸公差等级和粗糙度 R_a 二值两项均达到要求时为止。

②凡是图中虚线框里的内容,表示对某一具体的零件可能有,也可能没有。

③有无热处理,视零件的技术要求而定。如果有,应作为一个工序安排到加工路线中去。

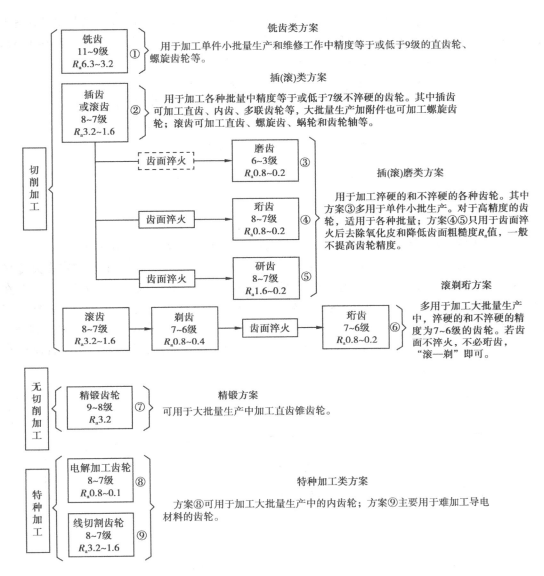

图 5.6 齿形常用的加工方案

5.1.7 表面加工方案的选择

每一种表面的加工方案不是唯一的,常有许多种,随零件的结构形状、材料、精度、批量以及具体的生产条件等因素而异。怎样才能选择出合理的加工方案呢?一般依照下列主要依据进行。

1)根据表面的尺寸精度和表面粗糙度 R_a 值选择表面的加工方案

它在很大程度上取决于表面本身的尺寸精度和粗糙度 R_a 值。因为对于精度较高、R_a 值较小的表面,一般不能一次加工到规定的尺寸,而要划分加工阶段逐步进行,以消除或减小粗加工时因切削力和切削热等因素所引起的变形,从而稳定零件的加工精度。例如,在图 5.7 中,图(a)为隔套,图(b)为衬套,其上均有 $\Phi40$ 的内圆。二者虽同属轴套,都套装在轴上,且零件的材料、数量都相同,但由于前者是非配合表面,尺寸公差等级为未注公差尺寸(IT 14),

R_a 值为 6.3 μm;后者是配合表面,尺寸公差等级为 IT6, R_a 值为 0.4 μm,致使二者加工方案不同(见图 5.2)。隔套 $\Phi40$, R_a6.3 μm 内圆的加工方案为:钻—半精车;衬套 $\Phi40$ H6, R_a0.4 μm 内圆的加工方案为:钻—半精车—粗磨—精磨。

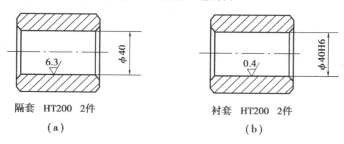

图 5.7 隔套和衬套

2)根据表面所在零件的结构形状和尺寸大小选择零件的结构形状和尺寸大小

这对表面加工方案的选择有很大的影响。这是因为有些加工方法的采用常常受到零件某些结构形状和尺寸大小的限制,有时甚至需要选用不同类型的机床和装夹方法。例如,在图 5.8 中,图(a)为双联齿轮,图(b)为齿轮轴,其上均有一个模数 2、齿数 32、精度 8GM 的齿轮,且零件的材料和数量相同,但由于零件的结构形状不同,致使二者齿形的加工方案完全不同。双联齿轮由于两齿轮相距很近,加工小齿轮时只能采用插齿,而齿轮轴由于零件轴向尺寸较长,不宜插齿,最好选用滚齿。

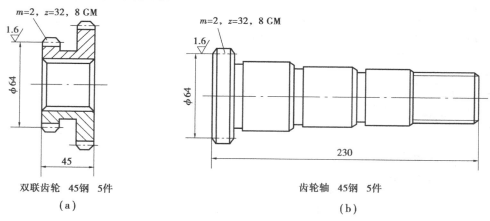

图 5.8 双联齿轮和齿轮轴

3)根据零件热处理状况选择热处理在工艺过程中的安排

具体如图 5.9 所示。零件是否热处理及热处理的方法,对表面加工方案的选择有一定影响,特别是钢件淬火后硬度较高,用刀具切削较为困难,淬火后大都采用磨料切削加工。而且对绝大多数零件来说,热处理一般不能作为工艺过程的最后工序,其后还应安排相应的加工,以便去除热处理带来的变形和氧化皮,提高精度和减小表面粗糙度。例如,在图 5.9 中,图(a)、(b)均为法兰盘零件,现拟加工它们上面的 $\Phi30$H7, R_a1.6 μm 的内圆。这两种零件其他条件均相同,只因为其中一种要求淬火处理,致使它们的加工方案差别较大。前者不要求淬火处理,其加工方案为:钻—半精车—精车;后者要求淬火处理,其加工方案为:钻—半精车—淬火—磨。

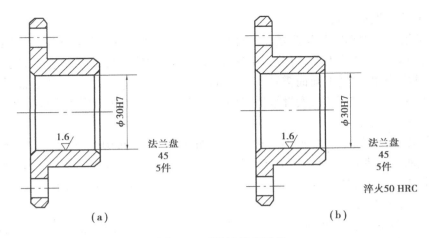

图 5.9　两种法兰盘零件

又例如,在图 5.10 中,图(a)为挡块,图(b)为平行垫铁,现拟加工它们上面的 A、B 平面。由于挡块要求调质处理,其加工方案为:粗铣(或粗刨)—调质—半精铣(或半精刨)—精铣(或精刨);而平行垫铁要求淬火处理,淬火后就不能铣削或刨削了,必须采用磨削加工,其加工方案为:粗铣(或粗刨)—半精铣(或半精刨)—淬火—磨削。

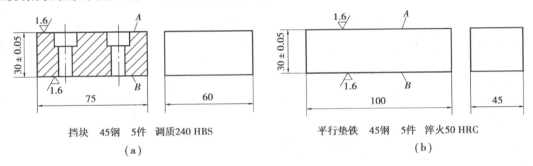

图 5.10　挡块和平行垫铁

4)根据零件材料的性能选择

零件材料的性能,尤其是材料的韧性、脆性、导电等性能,对切削加工,特别是对特种加工方法的选择有较大的影响。例如,在图 5.11 中,同为阀杆零件上的 $\Phi 25h4$,R_a 为 0.05 μm 的外圆,由于图(a)的材料为 45 钢,其加工方案为:粗车—半精车—粗磨—精磨—研磨;而图(b)的材料为有色金属青铜,塑性较大,磨削时其屑末易堵塞砂轮,不宜磨削,常用精车代替磨削,其加工方案为:粗车—半精车—精车—研磨。

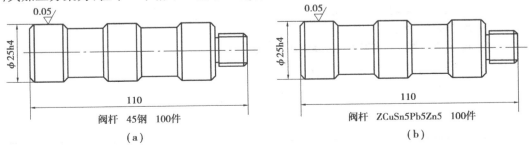

图 5.11　两种不同材料的阀杆零件

5）根据零件的批量选择

零件的批量是指根据零件年产量将零件分批投产,每批投产零件的数量。按照零件的大小、复杂程度和生产周期等因素,可分为单件、成批(小批、中批、大批)和大量生产三种。加工同一种表面,常因零件批量不同而需选用不同的加工方案。这是因为:单件小批量生产中一般采用普通机床上的加工方法;大批量生产中应尽量采用高效率(专用机床或生产线)的加工方法。

例如,现拟加工如图5.9所示的三种不同批量齿轮上的 $\Phi30H7$, R_a 为 1.6 μm 的孔,图（a）为 10 件,属于单件生产,其加工方案可选:钻孔—半精车—精车;图（b）为 500 件,属于中批生产,其加工方案可选用:粗车—扩孔—铰孔;图（c）为 10 000 件,属于大量生产,其加工方案应选用:粗车—拉孔。

以上介绍的仅为选择表面加工方案的主要依据。在实际应用中,这些依据常常不是独立的,而是相互重叠和交叉的。因此,在具体选用时,应根据具体条件全面考虑,灵活运用,决不能一叶障目,顾此失彼。只有这样,才能选择出优质、高产、安全、低耗的加工方案。

学习工作单

工 作 单	典型表面的加工		
任　　务	掌握外圆和内圆加工方案;熟知锥面加工方案;掌握平面加工方案;熟知螺纹与齿形加工方案;掌握表面加工方案的选择原则		
班　　级		姓　　名	
学习小组		工作时间	4 学时

[知识认知]

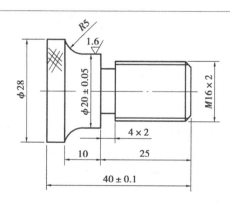

1. 通过实习掌握外圆与内圆的加工方案。

2. 通过训练掌握平面的加工方案。

3. 观看视频,建立对螺纹和齿形加工方案的基本认识。

4. 分组讨论不同表面加工方案的选择方法。

5. 分析讨论上图有哪些加工表面。

续表

任务学习其他说明或建议：					
指导老师评语：					
任务完成人签字：	日期：	年	月	日	
指导老师签字：	日期：	年	月	日	

任务 5.2　典型零件的加工

任务要求

1.掌握轴类零件加工的内容,以轴类零件为主,实习车削加工,熟悉轴类零件粗精加工的要求与步骤。

2.熟知箱体类零件的加工要点,通过参观熟知箱体类零件的加工设备、方法等内容。

3.了解齿轮类零件的加工方法和加工要点。

任务实施

生产实际中,零件的结构千差万别,但其基本几何构成不外乎外圆、内孔、平面、螺纹、齿面、曲面等。零件很少是由单一典型表面所构成,往往是由一些典型表面复合而成,其加工方法较单一典型表面加工复杂,是典型表面加工方法的综合应用。下面介绍轴类零件、箱体类和齿轮零件的典型加工工艺。

5.2.1　轴类零件的加工

(1)轴类零件的分类、技术要求

轴是机械加工中常见的典型零件之一。它在机械中主要用于支承齿轮、带轮、凸轮以及连杆等传动件,以传递扭矩。按结构形式不同,轴可以分为阶梯轴、锥度心轴、光轴、空心轴、曲轴、凸轮轴、偏心轴、各种丝杠等,如图 5.12 所示。其中,阶梯传动轴应用较广,其加工工艺能较全面地反映轴类零件的加工规律和共性。

根据轴类零件的功用和工作条件,其技术要求主要在以下方面:

1)尺寸精度

轴类零件的主要表面常为两类:一类是与轴承的内圈配合的外圆轴颈,即支承轴颈,用于确定轴的位置并支承轴,尺寸精度要求较高,通常为 IT 5~IT7;另一类为与各类传动件配合的

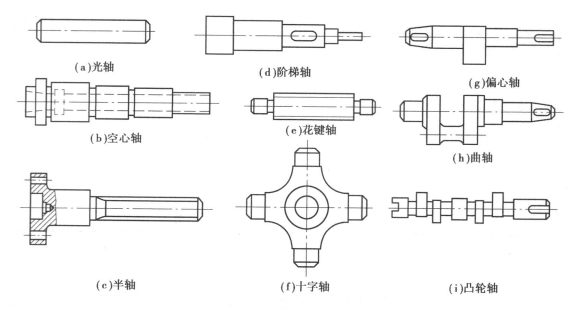

(a)光轴　　(d)阶梯轴　　(g)偏心轴

(b)空心轴　　(e)花键轴　　(h)曲轴

(c)半轴　　(f)十字轴　　(i)凸轮轴

图 5.12　轴的种类

轴颈,即配合轴颈,其精度稍低,常为 IT6～IT9。

2)几何形状精度

它主要指轴颈表面、外圆锥面、锥孔等重要表面的圆度、圆柱度。其误差一般应限制在尺寸公差范围内,对于精密轴,需在零件图上另行规定其几何形状精度。

3)相互位置精度

它包括内、外表面,重要轴面的同轴度,圆的径向跳动,重要端面对轴心线的垂直度,端面间的平行度等。

4)表面粗糙度

轴的加工表面都有粗糙度的要求,一般根据加工的可能性和经济性来确定。支承轴颈常为 0.2～1.6 μm,传动件配合轴颈为 0.4～3.2 μm。

5)其他

热处理、倒角、倒棱及外观修饰等要求。

(2)轴类零件的材料、毛坯及热处理

1)轴类零件的材料

①轴类零件材料。常用 45 钢,精度较高的轴可选用 40Cr、轴承钢 GCr15、弹簧钢 65Mn,也可选用球墨铸铁;对高速、重载的轴,选用 20CrMnTi、20Mn2B、20Cr 等低碳合金钢或 38CrMoAl 氮化钢。

②轴类毛坯。常用圆棒料和锻件;大型轴或结构复杂的轴采用铸件。毛坯经过加热锻造后,可使金属内部纤维组织沿表面均匀分布,获得较高的抗拉、抗弯及抗扭强度。

2)轴类零件的热处理

锻造毛坯在加工前,均需安排正火或退火处理,使钢材内部晶粒细化,消除锻造应力,降低材料硬度,改善切削加工性能。

调质一般安排在粗车之后、半精车之前,以获得良好的物理力学性能。

表面淬火一般安排在精加工之前,这样可以纠正因淬火引起的局部变形。对于精度要求高的轴,在局部淬火或粗磨之后,还需进行低温时效处理。

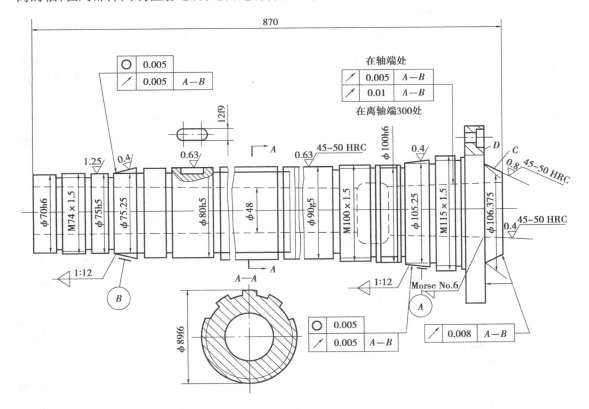

图 5.13　CA6140 车床主轴简图

(3)轴类零件的安装方式

轴类零件的安装方式主要有以下三种:

1)采用两中心孔定位装夹

一般以重要的外圆面作为粗基准定位,加工出中心孔,再以轴两端的中心孔为定位精基准;尽可能做到基准统一、基准重合、互为基准,并实现一次安装加工多个表面。中心孔是工件加工统一的定位基准和检验基准,它自身质量非常重要,其准备工作也相对复杂,常常以支承轴颈定位,车(钻)中心锥孔;再以中心孔定位,精车外圆;以外圆定位,粗磨锥孔;以中心孔定位,精磨外圆;最后以支承轴颈外圆定位,精磨(刮研或研磨)锥孔,使锥孔的各项精度达到要求。

2)用外圆表面定位装夹

对于空心轴或短小轴等不可能用中心孔定位的情况,可用轴的外圆面定位、夹紧并传递扭矩。一般采用三爪卡盘、四爪卡盘等通用夹具,或各种高精度的自动定心专用夹具,如液性塑料薄壁定心夹具、膜片卡盘等。

3)用各种堵头或拉杆心轴定位装夹

加工空心轴的外圆表面时,常用带中心孔的各种堵头或拉杆心轴来安装工件。小锥孔时常用堵头;大锥孔时常用带堵头的拉杆心轴。

（4）轴类零件工艺过程示例

1）CA6140 车床主轴技术要求及功用

图 5.13 为 CA6140 车床主轴零件简图。由零件简图可知,该主轴呈阶梯状,其上安装有支承轴承、传动件的圆柱、圆锥面,安装滑动齿轮的花键,安装卡盘及顶尖的内外圆锥面,连接紧固螺母的螺旋面,通过棒料的深孔等。下面分别介绍主轴各主要部分的作用及技术要求:

①支承轴颈。主轴两个支承轴颈 A、B 圆度公差为 0.005 mm,径向跳动公差为 0.005 mm;而支承轴颈 1:12 锥面的接触率≥70%;表面粗糙度 R_a 为 0.4 μm;支承轴颈尺寸精度为 IT5。因为主轴支承轴颈是用来安装支承轴承,是主轴部件的装配基准面,所以它的制造精度直接影响到主轴部件的回转精度。

②端部锥孔。主轴端部内锥孔(莫氏 6 号)对支承轴颈 A、B 的跳动在轴端面处公差为 0.005 mm,离轴端面 300 mm 处公差为 0.01 mm;锥面接触率≥70%;表面粗糙度 R_a 为 0.4 μm;硬度要求 45~50 HRC。该锥孔是用来安装顶尖或工具锥柄的,其轴心线必须与两个支承轴颈的轴心线严格同轴,否则会使工件(或工具)产生同轴度误差。

③端部短锥和端面。头部短锥 C 和端面 D 对主轴二个支承轴颈 A、B 的径向圆跳动公差为 0.008 mm;表面粗糙度 R_a 为 0.8 μm。它是安装卡盘的定位面。为保证卡盘的定心精度,该圆锥面必须与支承轴颈同轴,而端面必须与主轴的回转中心垂直。

④空套齿轮轴颈。空套齿轮轴颈对支承轴颈 A、B 的径向圆跳动公差为 0.015 mm。由于该轴颈是与齿轮孔相配合的表面,对支承轴颈应有一定的同轴度要求,否则引起主轴传动啮合不良,当主轴转速很高时,还会影响齿轮传动平稳性并产生噪声。

⑤螺纹。主轴上螺旋面的误差是造成压紧螺母端面跳动的原因之一,所以应控制螺纹的加工精度。当主轴上压紧螺母的端面跳动过大时,会使被压紧的滚动轴承内环的轴心线产生倾斜,从而引起主轴的径向圆跳动。

2）主轴加工的要点与措施

主轴加工的主要问题是如何保证主轴支承轴颈的尺寸、形状、位置精度和表面粗糙度,主轴前端内、外锥面的形状精度、表面粗糙度以及它们对支承轴颈的位置精度。

主轴支承轴颈的尺寸精度、形状精度以及表面粗糙度要求,可以采用精密磨削方法保证。磨削前应提高精基准的精度。

主轴外圆表面的加工,应该以顶尖孔作为统一的定位基准。但在主轴的加工过程中,随着通孔的加工,作为定位基准面的中心孔消失,工艺上常采用带有中心孔的锥堵塞到主轴两端孔中,让锥堵的顶尖孔起附加定位基准的作用。

3）CA6140 车床主轴加工定位基准的选择

主轴加工中,为了保证各主要表面的相互位置精度,选择定位基准时,应遵循基准重合、基准统一和互为基准等重要原则,并能在一次装夹中尽可能加工出较多的表面。

由于主轴外圆表面的设计基准是主轴轴心线,根据基准重合的原则考虑应选择主轴两端的顶尖孔作为精基准面。用顶尖孔定位,还能在一次装夹中将许多外圆表面及其端面加工出来,有利于保证加工面间的位置精度。所以主轴在粗车之前应先加工顶尖孔。

为了保证支承轴颈与主轴内锥面的同轴度要求,宜按互为基准的原则选择基准面。如车小端 1:20 锥孔和大端莫氏 6 号内锥孔时,以与前支承轴颈相邻而它们又是用同一基准加工出来的外圆柱面为定位基准面(因支承轴颈系外锥面不便装夹);在精车各外圆(包括两个支承轴颈)时,以前、后锥孔内所配锥堵的顶尖孔为定位基面;在粗磨莫氏6号内锥孔时,又以两圆柱面为定位基准面;粗、精磨两个支承轴颈的1:12锥面时,再次用锥堵顶尖孔定位;最后精磨莫氏6号锥孔时,直接以精磨后的前支承轴颈和另一圆柱面定位。定位基准每转换一次,都使主轴的加工精度提高一步。

4)CA6140车床主轴主要加工表面加工工序安排

CA6140车床主轴主要加工表面是¬75h5、¬80h5、¬90g5、¬105h5轴颈,两支承轴颈及大头锥孔。它们加工的尺寸精度为IT5~IT6,表面粗糙度R_a为0.4~0.8 μm。

主轴加工工艺过程可划分为三个加工阶段,即粗加工阶段(包括铣端面、加工顶尖孔、粗车外圆等);半精加工阶段(半精车外圆,钻通孔,车锥面、锥孔,钻大头端面各孔,精车外圆等);精加工阶段(包括精铣键槽,粗、精磨外圆、锥面、锥孔等)。

在机械加工工序中间尚需插入必要的热处理工序,这就决定了主轴加工各主要表面总是循着以下顺序的进行,即粗车—调质(预备热处理)—半精车—精车—淬火—回火(最终热处理)—粗磨—精磨。

综上所述,主轴主要表面的加工顺序安排如下:

外圆表面粗加工(以顶尖孔定位)—外圆表面半精加工(以顶尖孔定位)—钻通孔(以半精加工过的外圆表面定位)—锥孔粗加工(以半精加工过的外圆表面定位,加工后配锥堵)—外圆表面精加工(以锥堵顶尖孔定位)—锥孔精加工(以精加工外圆面定位)。

当主要表面加工顺序确定后,就要合理地插入非主要表面加工工序。对主轴来说,非主要表面指的是螺孔、键槽、螺纹等。这些表面加工一般不易出现废品,所以尽量安排在后面工序进行。主要表面加工一旦出了废品,非主要表面就不需加工了,这样可以避免浪费工时。但这些表面也不能放在主要表面精加工后,以防在加工非主要表面过程中损伤已精加工过的主要表面。

对凡是需要在淬硬表面上加工的螺孔、键槽等,都应安排在淬火前加工。非淬硬表面上螺孔、键槽等一般在外圆精车之后,精磨之前进行加工。主轴螺纹与主轴支承轴颈之间有一定的同轴度要求,所以螺纹安排在以非淬火-回火为最终热处理工序之后的精加工阶段进行。这样半精加工后残余应力所引起的变形和热处理后的变形,就不会影响螺纹的加工精度。

5)CA6140车床主轴加工工艺过程

表5.1列出了CA6140车床主轴的加工工艺过程。

生产类型:大批生产;材料牌号:45号钢;毛坯种类:模锻件。

表5.1 大批生产CA6140车床主轴工艺过程

序号	工序名称	工序内容	定位基准	设 备
1	备料			
2	锻造	模锻		立式精锻机
3	热处理	正火		
4	锯头			
5	铣端面钻中心孔		毛坯外圆	中心孔机床

续表

序号	工序名称	工序内容	定位基准	设 备
6	粗车外圆		顶尖孔	多刀半自动车床
7	热处理	调质		
8	车大端各部	车大端外圆、短锥、端面及台阶	顶尖孔	卧式车床
9	车小端各部	仿形车小端各部外圆	顶尖孔	仿形车床
10	钻深孔	钻¬48 mm 通孔	两端支承轴颈	深孔钻床
11	车小端锥孔	车小端锥孔(配 1:20 锥堵,涂色法检查接触率≥50%)	两端支承轴颈	卧式车床
12	车大端锥孔	车大端锥孔(配莫氏6号锥堵,涂色法检查接触率≥30%)、外短锥及端面	两端支承轴颈	卧式车床
13	钻孔	钻大头端面各孔	大端内锥孔	摇臂钻床
14	热处理	局部高频淬火(¬90g5、短锥及莫氏6号锥孔)		高频淬火设备
15	精车外圆	精车各外圆并切槽、倒角	锥堵顶尖孔	数控车床
16	粗磨外圆	粗磨¬75h5、¬90g5、¬105h5外圆	锥堵顶尖孔	组合外圆磨床
17	粗磨大端锥孔	粗磨大端内锥孔(重配莫氏6号锥堵,涂色法检查接触率≥40%)	前支承轴颈及¬75h5 外圆	内圆磨床
18	铣花键	铣¬89f6 花键	锥堵顶尖孔	花键铣床
19	铣键槽	铣 12f9 键槽	¬80h5 及 M115 mm 外圆	立式铣床
20	车螺纹	车三处螺纹(与螺母配车)	锥堵顶尖孔	卧式车床
21	精磨外圆	精磨各外圆及 E、F 两端面	锥堵顶尖孔	外圆磨床
22	粗磨外锥面	粗磨两处 1:12 外锥面	锥堵顶尖孔	专用组合磨床
23	精磨外锥面	精磨两处 1:12 外锥面、D 端面及短锥面	锥堵顶尖孔	专用组合磨床
24	精磨大端锥孔	精磨大端莫氏6号内锥孔(卸堵,涂色法检查接触率≥70%)	前支承轴颈及¬75h5 外圆	专用主轴锥孔磨床
25	钳工	端面孔去锐边倒角,去毛刺		
26	检验	按图样要求全部检验	前支承轴颈及¬75h5 外圆	专用检具

(5)轴类零件的检验

1)加工中的检验

自动测量装置作为辅助装置安装在机床上。这种检验方式能在不影响加工的情况下,根据测量结果,主动地控制机床的工作过程,如改变进给量,自动补偿刀具磨损,自动退刀、停车等,使之适应加工条件的变化,防止产生废品,故又称为主动检验。主动检验属在线检测,即在设备运行,生产不停顿的情况下,根据信号处理的基本原理,掌握设备运行状况,对生产过程进行预测预报及必要调整。在线检测在机械制造中的应用越来越广泛。

2)加工后的检验

单件小批生产中,尺寸精度一般用外径千分尺检验;大批量生产时,常采用光滑极限量规检验。长度大而精度高的工件可用比较仪检验,表面粗糙度可用粗糙度样板进行检验,要求较高时则用光学显微镜或轮廓仪检验。圆度误差可用千分尺测出的工件同一截面内直径的最大差值之半来确定,也可用千分表借助 V 形铁来测量,若条件许可,可用圆度仪检验。圆柱度误差通常用千分尺测出同一轴向剖面内最大与最小值之差的方法来确定。主轴相互位置精度检验一般以轴两端顶尖孔或工艺锥堵上的顶尖孔为定位基准,在两支承轴颈上方分别用千分表测量。

5.2.2 箱体类零件的加工

(1)箱体零件概述

箱体类零件通常作为箱体部件装配时的基准零件。它将一些轴、套、轴承和齿轮等零件装配起来,使其保持正确的相互位置关系,以传递转矩或改变转速来完成规定的运动。因此,箱体类零件的加工质量对机器的工作精度、使用性能和寿命都有直接的影响。

1)箱体零件结构特点

箱体零件多为铸造件,结构复杂,壁薄且不均匀,加工部位多,加工难度大。

2)箱体零件的主要技术要求

轴颈支承孔孔径精度及相互之间的位置精度,定位销孔的精度与孔距精度,这包括主要平面的精度、表面粗糙度等。

3)箱体零件材料及毛坯

箱体零件常选用灰铸铁,汽车、摩托车的曲轴箱选用铝合金作为曲轴箱的主体材料,其毛坯一般采用铸件。因曲轴箱是大批量生产,且毛坯的形状复杂,故采用压铸毛坯,镶套与箱体在压铸时铸成一体。压铸的毛坯精度高,加工余量小,有利于机械加工。为减少毛坯铸造时产生的残余应力,箱体铸造后应安排人工时效处理。

(2)箱体类零件工艺过程特点分析

下面以某减速箱为例说明箱体类零件的加工。

1)箱体类零件特点

一般减速箱为了制造与装配的方便,常做成可剖分的,如图 5.14 所示,这种箱体在矿山、冶金和起重运输机械中应用较多。剖分式箱体也具有一般箱体结构特点,如壁薄、中空、形状复杂,加工表面多为平面和孔。

减速箱体的主要加工表面可归纳为以下三类:

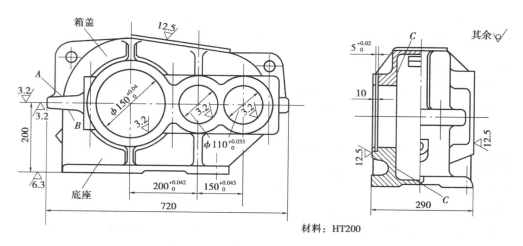

图 5.14　减速箱体结构简图

①主要平面:箱盖的对合面和顶部方孔端面、底座的底面和对合面、轴承孔的端面等。

②主要孔:轴承孔(⌐150H7、⌐90H7) 及孔内环槽等。

③其他加工部分:联接孔、螺孔、销孔、斜油标孔以及孔的凸台面等。

2)工艺过程设计应考虑的问题

根据减速箱体可剖分的结构特点和各加工表面的要求,在编制工艺过程时应注意以下问题:

①加工过程的划分。整个加工过程可分为两大阶段,即先对箱盖和底座分别进行加工,然后再对装合好的整个箱体进行加工——合件加工。为保证效率和精度的兼顾,就孔和面的加工还需粗精分开。

②箱体加工工艺的安排。安排箱体的加工工艺,应遵循先面后孔的工艺原则,对剖分式减速箱体还应遵循组装后镗孔的原则。因为如果不先将箱体的对合面加工好,轴承孔就不能进行加工。另外,镗轴承孔时,必须以底座的底面为定位基准,所以底座的底面也必须先加工好。

由于轴承孔及各主要平面都要求与对合面保持较高的位置精度,所以在平面加工方面,应先加工对合面,然后再加工其他平面,体现先主后次原则。

③箱体加工中的运输和装夹。箱体的体积、质量较大,故应尽量减少工件的运输和装夹次数。为了便于保证各加工表面的位置精度,应在一次装夹中尽量多加工一些表面,工序安排相对集中。箱体零件上相互位置要求较高的孔系和平面,一般尽量集中在同一工序中加工,以减少装夹次数,从而减少安装误差的影响,有利于保证其相互位置精度要求。

④合理安排时效工序。一般在毛坯铸造之后安排一次人工时效处理即可。对一些高精度或形状特别复杂的箱体,应在粗加工之后再安排一次人工时效处理,以消除粗加工产生的内应力,保证箱体加工精度的稳定性。

3)剖分式减速箱体加工定位基准的选择

①粗基准的选择。一般箱体零件的粗基准都用它上面的重要孔和另一个相距较远的孔作为粗基准,以保证孔加工时余量均匀。剖分式箱体最先加工的是箱盖或底座的对合面。由于分离式箱体轴承孔的毛坯孔分布在箱盖和底座两个不同部分上,因此在加工箱盖或底座的对合面时,无法以轴承孔的毛坯面作粗基准,而是以凸缘的不加工面为粗基准,即箱盖以凸缘

面 A,底座以凸缘面 B 为粗基准。这样可保证对合面加工凸缘的厚薄较为均匀,减少箱体装合时对合面的变形。

　　②精基准的选择。常以箱体零件的装配基准或专门加工的一面两孔定位,使得基准统一。剖分式箱体的对合面与底面(装配基面)有一定的尺寸精度和相互位置精度要求;轴承孔轴线应在对合面上,与底面也有一定的尺寸精度和相互位置精度要求。为了保证以上几项要求,加工底座的对合面时,应以底面为精基准,使对合面加工时的定位基准与设计基准重合;箱体装合后加工轴承孔时,仍以底面为主要定位基准,并与底面上的两定位孔组成典型的一面两孔定位方式。这样,轴承孔的加工定位基准既符合基准统一的原则,也符合基准重合的原则,有利于保证轴承孔轴线与对合面的重合度及与装配基准面的尺寸精度和平行度。

　　4)分离式减速箱体加工的工艺过程

　　表 5.2 所列为某厂在小批生产条件下加工如图 5.14 所示减速箱体的机械加工工艺过程。

　　生产类型:小批;毛坯种类:铸件;材料牌号:HT200。

表 5.2　减速箱体机械加工工艺过程

序号	工序名称	工序内容	加工设备
1	铸造	铸造毛坯	
2	热处理	人工时效	
3	油漆	喷涂底漆	
4	划线	箱盖:根据凸缘面 A 划对合面加工线;划顶部 C 面加工线;划轴承孔两端面加工线 底座:根据凸缘面 B 划对合面加工线;划底面 D 加工线;划轴承孔两端面加工线	划线平台
5	刨削	箱盖:粗、精刨对合面;粗、精刨顶部 C 面 底座:粗、精刨对合面;粗精刨底面 D	牛头刨床或龙门刨床
6	划线	箱盖:划中心十字线,各联接孔、销钉孔、螺孔、吊装孔加工线 底座:划中心十字线;底面各联接孔、油塞孔、油标孔加工线	划线平台
7	钻削	箱盖:按划线钻各联接孔,并锪平;钻各螺孔的底孔、吊装孔 底座:按划线钻底面上各联接孔、油塞底孔、油标孔,各孔端锪平;将箱盖与底座合在一起,按箱盖对合面上已钻的孔,钻底座对合面上的联接孔,并锪平	摇臂钻床
8	钳工	对箱盖、底座各螺孔攻螺纹;铲刮箱盖及底座对合面;箱盖与底座合箱;按箱盖上划线配钻、铰二销孔,打入定位销	
9	铣削	粗、精铣轴承孔端面	端面铣床
10	镗削	粗、精镗轴承孔;切轴承孔内环槽	卧式镗床
11	钳工	去毛刺、清洗、打标记	
12	油漆	各不加工外表面	
13	检验	按图样要求检验	

5）箱体零件的检验

表面粗糙度检验通常用目测或样板比较法，只有当 R_a 值很小时，才考虑使用光学量仪或作用粗糙度仪。

孔的尺寸精度：一般用塞规检验；单件小批生产时可用内径千分尺或内径千分表检验；若精度要求很高可用气动量仪检验。

平面的直线度：可用平尺和厚薄规或水平仪与桥板检验。

平面的平面度：可用自准直仪或水平仪与桥板检验，也可用涂色检验。

同轴度检验：一般工厂常用检验棒检验同轴度。

孔间距和孔轴线平行度检验：根据孔距精度的高低，可分别使用游标卡尺或千分尺检验，也可用块规测量。

三坐标测量机可同时对零件的尺寸、形状和位置等进行高精度的测量。

5.2.3 圆柱齿轮加工

（1）圆柱齿轮加工概述

齿轮是机械工业的标志性零件，是用来按规定的速比传递运动和动力的重要零件，在各种机器和仪器中应用非常普遍。

1）圆柱齿轮结构特点和分类

齿轮的结构形状按使用场合和要求不同而变化。图 5.15 是常用圆柱齿轮的结构形式，分为：盘形齿轮、内齿轮、套筒齿轮、连轴齿轮、齿条等。

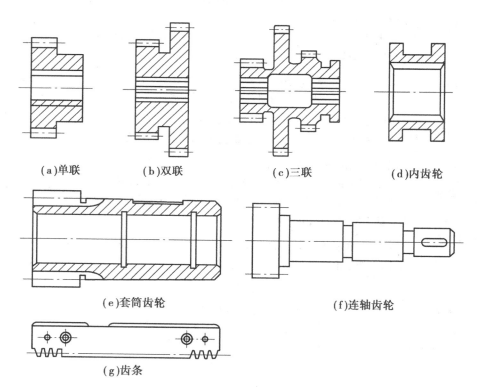

（a）单联　　　　（b）双联　　　　（c）三联　　　　（d）内齿轮

（e）套筒齿轮　　　　　　　　　（f）连轴齿轮

（g）齿条

图 5.15　圆柱齿轮的结构形式

2）圆柱齿轮的精度要求

齿轮自身的精度影响其使用性能和寿命,通常对齿轮的制造提出以下精度要求:

①运动精度。确保齿轮准确的传递运动和恒定的传动比,要求最大转角误差不能超过相应的规定值。

②工作平稳性。要求传动平稳,振动、冲击、噪声小。

③齿面接触精度。为保证传动中载荷分布均匀,齿面接触要求均匀,避免局部载荷过大、应力集中等造成过早磨损或折断。

④齿侧间隙。要求传动中的非工作面留有间隙以补偿温升、弹性形变和加工装配的误差,并利于润滑油的储存和油膜的形成。

3）齿轮材料、毛坯和热处理

①材料选择。根据使用要求和工作条件选取合适的材料,普通齿轮选用中碳钢和中碳合金钢, 如 40、45、50、40MnB、40Cr、45Cr、42SiMn、35SiMn2MoV 等; 要求高的齿轮可选取 20Mn2B、18CrMnTi、30CrMnTi、20Cr 等低碳合金钢;对于低速轻载的开式传动,可选取 ZG40、ZG45 等铸钢材料或灰口铸铁;非传力齿轮可选取尼龙、夹布胶木或塑料。

②齿轮毛坯。毛坯的选择取决于齿轮的材料、形状、尺寸、使用条件、生产批量等因素,常用的毛坯种类有:

a. 铸铁件:用于受力小、无冲击、低速的齿轮。

b. 棒料:用于尺寸小、结构简单、受力不大的齿轮。

c. 锻坯:用于高速重载齿轮。

d. 铸钢坯:用于结构复杂、尺寸较大、不宜锻造的齿轮。

③齿轮热处理。在齿轮加工工艺过程中,热处理工序的位置安排十分重要,它直接影响齿轮的力学性能及切削加工的难易程度。一般在齿轮加工中有两种热处理工序:

a. 毛坯的热处理。为了消除锻造和粗加工造成的残余应力、改善齿轮材料内部的金相组织和切削加工性能,在齿轮毛坯加工前后通常安排正火或调质等预热处理。

b. 齿面的热处理。为了提高齿面硬度、增加齿轮的承载能力和耐磨性而进行的齿面高频淬火、渗碳淬火、氮碳共渗和渗氮等热处理工序,一般安排在滚齿、插齿、剃齿之后,珩齿、磨齿之前。

（2）圆柱齿轮齿面（形）加工方法

1）齿轮齿面加工方法的分类

按齿面形成的原理不同,齿面加工可以分为两类方法:

①成形法:用于被切齿轮齿槽形状相符的成形刀具切出齿面的方法,如铣齿、拉齿和成型磨齿等;

②展成法:齿轮刀具与工件按齿轮副的啮合关系作展成运动切出齿面的方法,工件的齿面由刀具的切削刃包络而成,如滚齿、插齿、剃齿、磨齿和珩齿等。

2）圆柱齿轮齿面加工方法选择

齿轮齿面的精度要求大多较高,加工工艺复杂,选择加工方案时应综合考虑齿轮的结构、尺寸、材料、精度等级、热处理要求、生产批量及工厂加工条件等。常用的齿面加工方案见表5.3。

表5.3 齿面加工方案

齿面加工方案	齿轮精度等级	齿面粗糙度 $R_a/\mu m$	适用范围
铣齿	9级以下	6.3～3.2	单件修配生产中,加工低精度的外圆柱齿轮、齿条、锥齿轮、蜗轮
拉齿	7级	1.6～0.4	大批量生产7级内齿轮,外齿轮拉刀制造复杂,故少用
滚齿	8～7级	3.2～1.6	各种批量生产中,加工中等质量外圆柱齿轮及蜗轮
插齿		1.6	各种批量生产中,加工中等质量的内、外圆柱齿轮、多联齿轮及小型齿条
滚(或插)齿—淬火—珩齿		0.8～0.4	用于齿面淬火的齿轮
滚齿—剃齿	7～6级	0.8～0.4	主要用于大批量生产
滚齿—剃齿—淬火—珩齿		0.4～0.2	
滚(插)齿—淬火—磨齿	6～3级	0.4～0.2	用于高精度齿轮的齿面加工,生产率低,成本高
滚(插)齿—磨齿	6～3级		

(3)圆柱齿轮零件加工工艺过程示例

1)工艺过程示例

圆柱齿轮的加工工艺过程一般应包括以下内容:齿轮毛坯加工、齿面加工、热处理工艺及齿面的精加工。

在编制齿轮加工工艺过程中,常因齿轮结构、精度等级、生产批量以及生产环境的不同,而采用各种不同的方案。

图5.16为一直齿圆柱齿轮的简图,表5.4列出了该齿轮机械加工工艺过程。从中可以看出,编制齿轮加工工艺过程大致可划分如下几个阶段。

①齿轮毛坯的形成:锻件、棒料或铸件。

②粗加工:切除较多的余量。

③半精加工:车,滚、插齿面。

④热处理:调质、渗碳淬火、齿面高频淬火等。

⑤精加工:精修基准、精加工齿面(磨、剃、珩、研齿和抛光等)。

2)齿轮加工工艺过程分析

①定位基准的选择。对于齿轮定位基准的选择常因齿轮的结构形状不同,而有所差异。带轴齿轮主要采用顶尖定位,孔径大时则采用锥堵。顶尖定位的精度高,且能做到基准统一。带孔齿轮在加工齿面时常采用以下两种定位、夹紧方式:

a. 以内孔和端面定位。即以工件内孔和端面联合定位,确定齿轮中心和轴向位置,并采用面向定位端面的夹紧方式。这种方式可使定位基准、设计基准、装配基准和测量基准重合,定位精度高,适于批量生产,但对夹具的制造精度要求较高。

b. 以外圆和端面定位。工件和夹具心轴的配合间隙较大,用千分表校正外圆以决定中心的位置,并以端面定位;从另一端面施以夹紧。这种方式因每个工件都要校正,故生产效率低;它对齿坯的内、外圆同轴度要求高,而对夹具精度要求不高,故适于单件、小批量生产。

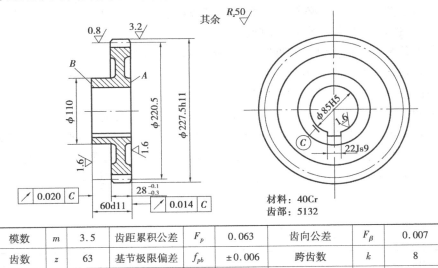

图 5.16　直齿圆柱齿轮零件图

表 5.4　直齿圆柱齿轮加工工艺过程

工序号	工序名称	工序内容	定位基准
1	锻造	毛坯锻造	
2	热处理	正火	
3	粗车	粗车外形、各处留加工余量 2 mm	外圆和端面
4	精车	精车各处,内孔至⌐84.8,留磨削余量 0.2 mm,其余至尺寸	外圆和端面
5	滚齿	滚切齿面,留磨齿余量 0.25~0.3 mm	内孔和端面 A
6	倒角	倒角至尺寸(倒角机)	内孔和端面 A
7	钳工	去毛刺	
8	热处理	齿面:HRC52	
9	插键槽	至尺寸	内孔和端面 A
10	磨平面	靠磨大端面 A	内孔
11	磨平面	平面磨削 B 面	端面 A
12	磨内孔	磨内孔至⌐85H5	内孔和端面 A
13	磨齿	齿面磨削	内孔和端面 A
14	检验	终结检验	

②齿轮毛坯的加工。齿面加工前的齿轮毛坯加工在整个齿轮加工工艺过程中占有很重要的地位,因为齿面加工和检测所用的基准必须在此阶段加工完成。无论从提高生产率,还

是从保证齿轮的加工质量,都必须重视齿轮毛坯的加工。

在齿轮的技术要求中,应注意齿顶圆的尺寸精度要求,因为齿厚的检测是以齿顶圆为测量基准的。齿顶圆精度太低,必然使所测量出的齿厚值无法正确反映齿侧间隙的大小。所以,在这一加工过程中应注意下列三个问题:

a. 当以齿顶圆直径作为测量基准时,应严格控制齿顶圆的尺寸精度;

b. 保证定位端面和定位孔或外圆相互的垂直度;

c. 提高齿轮内孔的制造精度,减小与夹具心轴的配合间隙。

③齿端的加工。齿轮的齿端加工有倒圆、倒尖、倒棱和去毛刺等方式,倒圆、倒尖后的齿轮在换挡时容易进入啮合状态,减少撞击现象。倒棱可除去齿端尖边和毛刺。倒圆时,铣刀高速旋转,并沿圆弧作摆动,加工完一个齿后,工件退离铣刀,经分度再快速向铣刀靠近加工下一个齿的齿端。齿端加工必须在齿轮淬火之前进行,通常都在滚(插)齿之后、剃齿之前安排齿端加工。

学习工作单

工 作 单	典型零件的加工		
任 务	掌握轴类零件加工的内容;熟知箱体类零件的加工要点;熟知齿轮类零件的加工要点		
班 级		姓 名	
学习小组		工作时间	6 学时
[知识认知]			

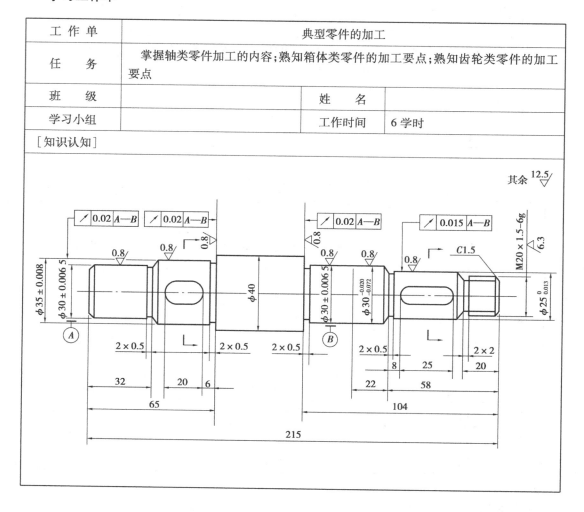

1.以轴类零件为主,实习车削加工,熟悉轴类零件粗精加工的要求与步骤。

2.通过参观熟知箱体类零件的加工设备、方法等内容。

3.进行工厂为期两周的实习,完成对典型零件加工方法的认知。

4.分析上图零件的加工工艺方法。

任务学习其他说明或建议:

指导老师评语:

任务完成人签字:				
	日期:	年	月	日
指导老师签字:				
	日期:	年	月	日

实践与训练

1.影响表面加工方法的因素有哪些?

2.什么是经济精度?

3.表面的加工方法应从哪几个方面加以考虑?

4.轴类零件的主要功用是什么?

5.箱体类零件加工的基本原则有哪些?

6.试述轴类零件的典型加工工艺过程。

7.套类零件的主要功用是什么? 按其功用可分成哪几类?

8.根据如图 5.17 所示传动轴零件图样按成批生产拟定其工艺过程,技术要求:未注倒角 C1,材料 45,热处理,调质 220～250 HB。

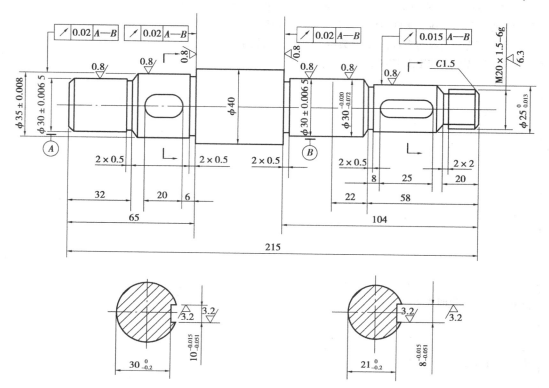

图 5.17 传动轴

参考文献

[1] 卢秉恒.机械制造技术基础[M].北京:机械工业出版社,2004.

[2] 吴国华.金属切削机床[M].北京:机械工业出版社,1999.

[3] 朱焕池.机械制造工艺学[M].北京:机械工业出版社,1995.

[4] 张世昌.机械制造技术基础[M].北京:高等教育出版社,2005.

[5] 熊良山.机械制造技术基础[M].武汉:华中科技大学出版社,2006.

[6] 黄克进.机械加工操作基本训练[M].北京:机械工业出版社,2004.

[7] 徐刚.车工技能训练[M].北京:机械工业出版社,2009.

[8] 王公安.车工工艺学[M].北京:中国劳动社会保障出版社,2005.

[9] 黄鹤汀.金属切削机床(上、下册)[M].北京:机械工业出版社,2001.

[10] 唐监怀,刘翔.车工工艺与技能训练[M].北京:中国劳动社会保障出版社,2006.

[11] 蒋增福.车工工艺与技能训练[M].北京:高等教育出版社,2007.

[12] 机械工业职业技能鉴定指导中心.车工技术[M].北京:机械工业出版社,1999.

[13] 王隆太.现代制造技术[M].北京:机械工业出版社,1997.

[14] 薛源顺.机床夹具设计[M].北京:机械工业出版社,1994.

[15] 彭德荫.车工工艺与技能训练[M].北京:中国劳动社会保障出版社,2005.

[16] 刘杰华.金属切削与刀具实用技术[M].北京:国防工业出版社,2006.